第一性原理计算——Heusler 合金

于 金 吴三械 等 著

科学出版社

北 京

内 容 简 介

本书详细介绍 Heusler 合金和第一性原理计算的理论与实践，以及第一性原理计算方法在 Heusler 合金 Ni_2MnGa 研究中的应用。主要内容包括 Heusler 合金简介、第一性原理计算基础、Heusler 合金的晶体结构建模、Heusler 合金晶格常数的优化、Heusler 合金的四方变形计算、Heusler 合金的结构优化、Heusler 合金电子结构的计算、Heusler 合金弹性常数和体积模量的计算、Heusler 合金声子谱线的计算、Heusler 合金基于遗传算法的晶体结构预测、Heusler 合金 $Pd_2MGa(M=Cr, Mn, Fe)$ 的第一性原理计算以及两机并行计算实例详解。

本书可作为计算材料学相关课程的研究生和本科生教材，也可为从事相关课题研究的教师、学生和科研人员提供有价值的指导和参考。

图书在版编目(CIP)数据

第一性原理计算：Heusler 合金/于金等著. —北京：科学出版社，2016
ISBN 978-7-03-048931-9

Ⅰ.①第… Ⅱ.①于… Ⅲ.①合金-研究 Ⅳ.①TG13

中国版本图书馆 CIP 数据核字(2016)第 138523 号

责任编辑：朱英彪 罗 娟 / 责任校对：郭瑞芝
责任印制：徐晓晨 / 封面设计：蓝正设计

科学出版社 出版
北京东黄城根北街 16 号
邮政编码：100717
http://www.sciencep.com

北京凌奇印刷有限责任公司 印刷
科学出版社发行 各地新华书店经销

*

2016 年 6 月第 一 版 开本：720×1000 1/16
2021 年 7 月第四次印刷 印张：14 3/4
字数：300 000
定价：98.00 元
(如有印装质量问题，我社负责调换)

前　言

1998 年,物理学教授 Kohn 和化学教授 Pople 因为他们在第一性原理计算方面的科学成就而获得诺贝尔化学奖,这也成为计算物理、量子化学和计算材料学发展史上的重要里程碑。在此之前,第一性原理计算方法仅为少数化学家和物理学家所掌握和应用,但现在它已经迅速发展成为物理学、化学和材料学等领域科研人员从事材料计算与设计研究的重要方法和常用工具。这主要得益于相关基础理论和计算方法的进步,特别是计算机运算能力的极大提高。由于能够在电子和原子层次上揭示材料结构与性能的本质,目前第一性原理计算的科研工作非常活跃,取得了丰硕的科研成果。

Heusler 合金是一类独特的金属间化合物,它们成分多元、结构多型、性能独特且可控性好,因此具有丰富的物理特性、重要的研究价值和广阔的应用前景。Heusler 合金第一性原理计算方面的研究在近二十年已经成为材料研究的热点,而原子尺度的材料计算则是 Heusler 合金的重要研究方法。

第一性原理计算涉及物理、化学、材料、数学和计算机等各学科,其基础理论和算法非常丰富,理论性要求也很高;同时,第一性原理计算又以在科学研究中的实际应用为落脚点,要求研究人员具有丰富的实践经历和一定的计算能力。本书积极秉承了科研反哺教学之理念,在作者多年第一性原理计算和 Heusler 合金研究的积累上撰写而成,具有理论与实践并重的特色。我们相信本书能够不辜负读者的期望。

第 1 章讲述 Heusler 合金的发现与发展历程,以及它们的晶体结构特征和丰富的种类,并对 Heusler 合金 Ni_2MnGa 的实验研究、第一性原理计算研究以及晶体结构研究进行介绍。

第 2 章首先以时间为导线,对第一性原理计算的发展历程进行概述,在关键的时间点上详细讲述相关的基础理论;然后对第一性原理计算的可靠性保证、第一性原理计算的一般步骤进行深入讨论。本章编排基于这样的考虑,对大多数研究者特别是初学者而言并没有必要掌握第一性原理计算的所有细节,重要的是能够在了解第一性原理计算的背景和熟悉有关第一性原理计算的各种概念的基础上,学习并掌握某一种或几种第一性原理计算软件,并应用于科学研究。

第 3~10 章以 Heusler 合金大家族中备受研究者青睐的体系 Ni_2MnGa 为对象,详细讲述第一性原理计算的基础理论和计算实践,内容涉及晶体结构建模、晶格常数的优化、四方变形计算、结构优化、电子结构的计算、弹性常数的计算、声子谱线的计算和基于遗传算法的晶体结构预测。通过这几章的学习,读者能够基本掌握第一性原理计算的方法。建议读者第一遍先按照书中的讲述按部就班地学习实践,然后尽量丢开本书独立重复完成计算任务。对书中未能详尽讲述的细节,可以查阅软件自带的手册。

第 11 章从探寻和设计新的具有开发应用价值的 Heusler 合金的角度出发,进行 Pd 基 Heusler 合金 $Pd_2MGa(M=Cr, Fe, Mn)$ 的结构与性能计算,展现第一性原理计算在科研工作中的实际应用。

第 12 章讲述用一种比较简单的方法来实现两机并行计算。第一性原理计算耗费的资源非常大,经常会因为硬件条件的限制而使得一些好的计算方案无法实施,这时通过两机甚至多机并行计算就有可能使计算得以实现。该章内容采用 OpenSUSE 自带的 YAST 管理工具,它具有图形化界面,且操作方便、容易学习。

本书是本研究组多年来集体工作的结晶。第 1 章由于金撰写;第 2 章、第 6 章 6.1 节、第 7 章 7.1 节由王家佳撰写;第 3 章由吴南撰写;第 8 章由吴南、米传同撰写;第 4 章、第 6 章 6.2～6.5 节、第 7 章 7.2～7.5 节由李小朋、于金撰写;第 5 章、第 11 章由刘国平、赵昆、于金撰写;第 9 章由李小朋、刘国平、于金撰写;第 10 章由李小朋、钱帅、于金撰写;第 12 章由李小朋撰写。吴三械全面指导了计算研究工作的开展。除了执笔撰写人,还有于婷婷等 30 余位本研究组成员先后开展了丰富的课题研究。本书同时也是东南大学学位与研究生教育教改课题"'计算材料学'课程中科研反哺教学之实践"的教研成果。图书出版得到东南大学研究生院、东南大学教务处和东南大学材料科学与工程学院的大力支持,以及科学出版社朱英彪编辑的积极鼓励和详细指导。在此,向所有支持本书撰写出版的人表示衷心感谢。

特别感谢我的父亲于修德、母亲於冬娥和弟弟于海梁,我们一家人都长期从事材料领域的研究工作,没有你们的默默支持和无私奉献,我不可能长期潜心于学术研究。

由于作者水平有限,书中难免存在不妥之处,恳请读者批评指正。

于　金

2016 年 1 月 1 日

于南京东南大学

目　　录

第1章 Heusler 合金简介

Heusler 合金体系的发现已有一百多年的历史。由于历史原因，Heusler 合金一直被认为是合金，但是严格来讲它们并不是合金，而是一类独特的金属间化合物。它们的成分多元，结构多型，性能独特并具有良好的可控性，具有铁磁性、形状记忆效应、半金属和热电性能等丰富的物理特性，呈现出重要的研究价值和广阔的应用前景。本章讲述 Heusler 合金的发现与发展历程，以及它们的晶体结构特征和丰富的种类，并对具有代表性的 Heusler 合金 Ni_2MnGa 的实验研究、第一性原理计算研究以及晶体结构研究进行介绍。

1.1 Heusler 合金的发现与发展

Heusler 合金是以 19 世纪德国冶金工程师、化学家 Heusler 的名字来命名的。在 1903 年前后 10 年里，Heusler 发现了一系列的铁磁合金 $Cu_2MnX(X=Al, In, Sn, Sb, Bi)$，它们的磁性会随着热处理和化学成分的变化而发生明显的改变[1]。例如，Cu_2MnSn 合金的室温饱和磁感应强度高达 0.8T，比纯镍的 0.6T 高，但比纯铁的 2.1T 低。它们有一个令人惊奇的现象，合金中所有原子都不是铁磁性的，但其宏观性质却表现出明显的磁性。由此看来，非铁磁性元素经过有序化组合后也可以呈现明显的铁磁性，这个新发现就是后来人们所熟知的 Heusler 合金的原型。

Heusler 合金是某类特定的三元金属间化合物 X_2YZ 或 XYZ，它们的原子比为 2:1:1 或 1:1:1，晶体结构为 $L2_1$ 或 $C1_b$ 等，分别被称为 Full-Heusler 合金或 Half-Heusler 合金；其中，X 与 Y 通常为过渡族金属元素，Z 为主族金属元素。某些不完全符合上述定义的合金也被宽泛地认为是 Heusler 合金，包括四元的形式为 XX′YZ 的合金。另外，具有 B_2、DO_3、A_2 结构的一些合金也被认为是 Heusler 合金。

尽管 1903 年 Heusler 就发现了 Heusler 合金，但受当时结构测试仪器水平的限制，对其晶体结构并没有进行详细的了解。直到三四十年后才开始了晶体结构测定方面的研究。1934 年，Bradley 和 Rodgers[2] 确认 Cu_2MnAl 合金在室温下具有 $L2_1$ 的有序结构，由四个体心晶格套嵌而成，其晶格常数为 5.95Å，其 $L2_1$ 有序-B_2 无序相变温度大约为 910℃。1939 年，Klyucharev[3] 也对 Heusler 合金的晶体结构和磁性进行了研究。后来，有文献进一步研究了 Heusler 合金 Cu_2MnAl 等的居里温度[4,5]、磁矩及其来源[5,6]等。

1969 年，Webster 发表了一篇题为 *Heusler aolloys* 的综述文章，总结了过去几十年里 Heusler 合金的研究成果，较为系统地讨论了 Heusler 合金的结构和磁性[7]。

之后，对 Heusler 合金的研究经历了很长一段时间的沉寂。转折发生在 1983 年，Groot 等发现了 NiMnSb 的半金属铁磁性（half-metallic ferromagnetism，HMF)[8]。他们在利用增强平面波方法进行能带计算时，发现 NiMnSb 的能带结构很特殊，虽然与普通的铁磁体一样具有两个不同的自旋子能带，但其中一个自旋子能带跨过费米面呈金属性，另一个能带费米能级恰好落在价带与导带的能隙中，显示出半导体或绝缘体性质。因此，他们把具有这种能带结构的物质称为"半金属"磁体。NiMnSb 的半金属铁磁性随后得到实验证实[9]。接下来有更多的 Heusler 合金被报道具有半金属铁磁性。

除了半金属铁磁性，Heusler 合金更是研究最多的铁磁形状记忆合金（ferromagnetic shape memory alloy，FSMA)。铁磁形状记忆合金指兼具铁磁性和热弹性马氏体相变的形状记忆合金。与传统磁致伸缩材料相比，铁磁形状记忆合金表现出更为巨大的磁致应变；与传统记忆合金相比，记忆效应不仅能通过应力场和温度场来控制，还可以通过磁场来控制，对外界作用的响应更加多样化。

Heusler 合金 Ni_2MnGa 是发现最早的铁磁形状记忆合金。1993 年，Vasilev 等发现了 Ni_2MnGa 合金的铁磁形状记忆效应[10]。但国际上对铁磁形状记忆合金的集中研究始于 1996 年，美国麻省理工学院 Ullakko 等在研究 Ni_2MnGa 单晶时发现，在温度 265K、外加磁场 8kOe 的条件下，可以使单晶样品在[001]方向产生大约 0.2% 的可恢复应变，这个应变由马氏体相孪晶界的超弹性移动产生。该值接近稀土大磁致伸缩材料，表明 Ni_2MnGa 合金是一种响应频率高、恢复应变大的磁性形状记忆合金[11]。

Heusler 合金同时还是近年来研究比较多的、具有较好热电性能的热电材料[12-14]。Heusler 合金热电材料不仅具有良好的热电性能，而且熔点高，化学稳定性好，同时所需要的金属资源丰富，无毒无害，是环境友好型的应用前景广阔的高温热电材料。

在 Heusler 合金中存在大量拓扑绝缘体材料[15-17]。拓扑绝缘体材料体内的能带结构是典型的绝缘体类型，在费米能处存在能隙；而在材料的表面则总是存在穿越能隙的狄拉克型的电子态，因而其表面总是金属性的。

Heusler 合金具有非常丰富的物理特性、重要的研究价值和广阔的应用前景。至今，Heusler 合金体系的发现已有一百多年的历史，而"Heusler 合金"以及"Heusler 合金的第一性原理计算"在近二十年再次成为研究的热点，特别是原子尺度的材料计算已经成为 Heusler 合金的重要研究方法。

1.2　Heusler 合金晶体结构的特点

1.2.1　Heusler 合金晶体结构的一般特征

100 多年来,对 Heusler 合金晶体结构的认识已经逐渐清晰。Heusler 合金的共有特点是高有序度,其晶体结构的一般特征为立方结构,有四个原子占位,即 A 位、B 位、C 位和 D 位。Heusler 合金结构模型如图 1.1 所示,可以看成由四个面心立方结构的亚晶格沿立方结构对角线位移 1/4 长度套构而成。

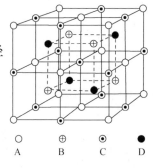

图 1.1　Heusler 合金结构模型

1.2.2　Heusler 合金的种类和常见晶体结构

对于 Heusler 合金的研究重点最初主要是由 Cu 和 Mn 组成的化合物,后来通过置换原子,越来越多新的 Heusler 合金体系被不断开发和研究。目前,Heusler 合金的种类已经非常丰富,这主要有如下两个方面的原因。

(1) Heusler 合金的 X、Y、Z 元素可以具有多样的选择。合金通式 X_2YZ 中的 X、Y 元素一般是元素周期表中的过渡元素 Sc、Ti、V、Cr、Mn、Fe、Co、Ni、Cu、Zn,以及排列在上述元素所在列下面的过渡元素;通式中的 Z 元素一般是周期表的 IVA 族,以及 IVA 族两边的 IIIA 族和 VA 族元素;此外,镧系稀土元素也可以作为 Y 原子。由于 X、Y、Z 涉及元素众多,可能的排列组合就非常多。目前,研究较多的 Heusler 合金有 Co 基、Cu 基、Pd 基和 Ni 基等合金体系。

(2) Heusler 合金还可以不是严格意义上具有理想配比的合金,即 X、Y、Z 原子配比可以调整,这样将得到更多种的 Heusler 合金。

Heusler 合金的晶体结构由于 X、Y、Z 原子占位的不同而呈现多样性。国内外文献描述的常见 Heusler 合金晶体结构有 $L2_1$ 结构、$C1_b$ 结构、B_2 结构、A_2 结构和 DO_3 结构,它们采用的是 Strukturbericht 符号的空间群表达方式,与国际空间群表达方式之间的对应关系如表 1.1 所示。

表 1.1　Heusler 合金的常见晶体结构及其特征

Strukturbericht 符号	国际空间群 符号	A 位原子 (0,0,0)	B 位原子 (1/4,1/4,1/4)	C 位原子 (1/2,1/2,1/2)	D 位原子 (3/4,3/4,3/4)
$L2_1$ 结构	225,FM-3M	X	Y	X	Z
$C1_b$ 结构	216,F-43M	X	Y	空位	Z
B_2 结构	221,Mm-3M	X	Y,Z	X	Y,Z

续表

Strukturbericht 符号	国际空间群 符号	A 位原子 (0,0,0)	B 位原子 (1/4,1/4,1/4)	C 位原子 (1/2,1/2,1/2)	D 位原子 (3/4,3/4,3/4)
A_2 结构	229,IM-3M	X,X,Y,Z	X,X,Y,Z	X,X,Y,Z	X,X,Y,Z
DO_3 结构	225,FM-3M	X	X	X	Z

Heusler 合金的常见结构及特征如下。

(1) Heusler 合金 $L2_1$ 结构,其 A、B、C、D 位上分别由 X、Y、X、Z 原子占据,构成 Full-Heusler 合金 X_2YZ,这也是 Heusler 合金最常用的通式。

(2) Heusler 合金 $C1_b$ 结构,其 A、B、C、D 位上分别由 X、Y、空位、Z 原子占据,构成 Half-Heusler 合金 XYZ。

(3) Heusler 合金 B_2 过渡结构,其 A、C 位由 X 原子占据,B、D 位上 Y、Z 原子以相同概率混乱占据,构成 Full-Heusler 合金 X_2YZ。有序度比 $L2_1$ 结构低,是一种从固溶体到金属间化合物的有序度相对较高的过渡结构。

(4) Heusler 合金 A_2 过渡结构,所有原子以任意概率分布于四个阵点处,构成 Full-Heusler 合金 X_2YZ。

(5) Heusler 合金 DO_3 结构,其 A、B、C、D 位上分别由 X、X、X、Z 原子占据,构成合金 X_3Z。

1.2.3　Heusler 合金的相变

Heusler 合金高度有序的 $L2_1$ 结构会发生向其他结构的转变。例如,在高温下会发生向 B_2 结构的转变,在低温下会发生各种马氏体相变(四方相变、中间马氏体相变、预马氏体相变等),对它们晶体结构的确定仍然在探索之中。通过控制晶体结构、成分和热处理工艺可以优化 Heusler 合金的磁性等性能。以 Ni_2MnGa 合金为例,其马氏体相存在多种晶体结构,通常可观察到三种主要的马氏体相结构,分别是非调制四方结构(non-modulated,NM)、五层调制结构(five-modulated,5M)、七层调制结构(seven-modulated,7M)。其中,非调制四方结构的马氏体相最稳定,其次是 7M 结构,而 5M 结构最不稳定。此外,不同结构的马氏体相变开始温度 M_s 也不同,非调制四方结构的最高,7M 结构的次之,5M 结构的最低。因此,Ni_2MnGa 马氏体结构存在多样性和复杂性。

综上可见,Heusler 合金是一个大家族,它们可以是 X、Y、Z 元素类型的改变,也可以是 X、Y、Z 原子配比的改变,由此而衍生出非常丰富的 Heusler 合金组成和结构。众所周知,电子结构及其物理性能对组成和结构非常敏感,也就意味着容易改变和控制,因此不断有 Heusler 合金的新物理特性和应用被发现。事实上,对于 Heusler 合金还有很大的合金种类和结构空白有待开发。

1.3　Heusler 合金 Ni_2MnGa 的研究进展

Ni_2MnGa 是 Heusler 合金大家族中备受研究者青睐的一种体系,下面就来介绍一些关于 Ni_2MnGa 的重要实验研究成果。

1984 年,Webster 等采用磁化、磁化率、光学、X 射线衍射和中子衍射技术对 Ni_2MnGa 合金的晶体结构、磁性、伴随马氏体相变的表面金相观察等进行了较为系统的研究[18]。实验结果表明室温下存在高有序 $Ni_2MnGa(L2_1)$ 结构,晶格常数为 $a=5.825$Å;测得铁磁性 Ni_2MnGa 合金的居里温度为 376K;测得在低温 4.2K 时存在 Ni_2MnGa(四方)结构,晶格常数为 $a=b=5.920$Å,$c=5.566$Å,$c/a=0.94$;铁磁性 Ni_2MnGa 合金的总磁矩为 $4.17\mu_B$,并且主要由 Mn 原子提供,由 Ni 原子贡献的磁矩小于 $0.3\mu_B$;温度高于居里温度时,材料由铁磁性转变为顺磁性,尽管 Mn 原子的磁矩大小基本不变,但磁矩方向变得杂乱无章,铁磁性消失;正分配比 Ni_2MnGa 单晶的马氏体相变温度约为 202K,马氏体相变时,晶体由立方结构转变为四方结构。

1996 年,Worgull 等使用超声波脉冲回波技术来测量单晶的弹性常数,以及预马氏体相变[19]。测得实验样品的密度 $\rho=8.13$g/cm³;$C_L=250$GPa,$C_{44}=103$GPa,$C'=4.50$GPa;通过 $C_L=1/2(C_{11}+C_{12}+C_{44})$ 和 $C'=1/2(C_{11}-C_{12})$ 这两个关系式,得到 $C_{11}=152$GPa,$C_{12}=143$GPa。

Heusler 合金 Ni_2MnGa 是最早发现的铁磁形状记忆合金。目前开发出的磁性形状记忆合金种类非常有限,而 Ni_2MnGa 合金在其中发现最早也是研究最多的。1996 年,美国麻省理工学院 Ullakko 等研究了 Ni_2MnGa 单晶在大磁致应变时的行为[11]。测得 $Ni_2MnGa(L2_1)$ 的晶格常数为 $a=5.822$Å;Ni_2MnGa(四方)的晶格常数为 $a=b=5.90$Å,$c=5.44$Å;由 $Ni_2MnGa(L2_1)$ 转变为 Ni_2MnGa(四方)的马氏体相变温度 $T_m=276$K;在温度为 265K、外加磁场为 8kOe 时,可以使单晶样品在 [001] 方向产生大约 0.2% 的可恢复应变,这个应变由马氏体相孪晶界的超弹性移动产生。

1999 年,Brown 等采用极化中子散射的方法来确认 Ni_2MnGa 马氏体相变时的未成对电子的分布情况[20]。研究发现,在从 $Ni_2MnGa(L2_1)$ 转变为 Ni_2MnGa(四方)的过程中会发生磁矩从 Mn 向 Ni 的转移;四方变形与 Jahn-Teller 效应有关。对实验数据拟合出 0K 时,$Ni_2MnGa(L2_1)$ 各元素的磁矩分别为:Ni 是 $0.24\mu_B$,Mn 是 $2.74\mu_B$,Ga 是 $-0.013\mu_B$;Ni_2MnGa(四方)各元素的磁矩分别为:Ni 是 $0.36\mu_B$,Mn 是 $2.83\mu_B$,Ga 是 $-0.06\mu_B$。

1999 年,Ma 等利用低温 X 射线衍射装置对 Ni_2MnGa 合金进行了高磁场下宽温度范围内的系统研究[21]。测得结果显示:$Ni_2MnGa(L2_1)$ 室温下的晶格常数

为 $a=5.832Å$；Ni_2MnGa（四方）10K 时的晶格常数为 $a=b=5.925Å$，$c=5.563Å$，$c/a=0.94$；由 $Ni_2MnGa(L2_1)$ 转变为 Ni_2MnGa（四方）的马氏体相变温度 $T_m=204K$；存在预马氏体相变，相变温度 $T_p=247K$；施加磁场会改变 T_m 和 T_p。

2000 年，Pons 等对成分范围较宽的非计量比 Ni-Mn-Ga 合金的各种马氏体相的晶体结构进行了研究，得出 Ni-Mn-Ga 合金的调制结构 5M、7M、10M 和非调制结构 NM 的晶格参数[22]。

由于是在马氏体相变温度附近产生大应变，而正分配比的 Ni_2MnGa 合金的马氏体相变温度为 202K 左右，远低于室温，因此其实际应用受到很大的限制。但 Ni_2MnGa 合金的马氏体相变对成分非常敏感，如果调整 Ni、Mn、Ga 原子配比，则偏分配比的 Ni_2MnGa 合金的马氏体相变温度会有不同程度的提高，会在 200～400K 范围内变化。马氏体相变变得复杂，出现预马氏体相变和中间马氏体结构。为此，偏离化学计量比 Ni_2MnGa 合金的研究得到深入开展[22-24]。近年来在 Ni_2MnGa 合金马氏体相变、磁感生应变和形状记忆方面的研究已经有所突破[25-30]，并且获得初步应用。

在材料领域要取得科学与技术的显著突破，关键在于能够在原子或分子尺度理解并且调控物质的性质，而对于描述原子和分子量子行为的基本关系式——薛定谔方程，第一性原理是一种很好的求解方法。目前，由于相关基础理论和计算方法的快速发展，特别是计算机计算能力的极大提高，第一性原理已经成为材料研究的重要方法，从过去仅为少数化学家和物理学家掌握的一种专业科学，迅速发展成为物理学、化学、材料学和化学工程等领域研究人员的常用工具。十余年来，对 Heusler 合金的第一性原理计算研究的内容已经非常丰富，下面就来介绍第一性原理计算在 Ni_2MnGa 合金研究中的应用。

2002 年，Enkovaara 等发表了一篇开拓性地用第一性原理计算研究 Ni_2MnGa 合金的文章[31]。其中，计算了 $Ni_2MnGa(L2_1)$、$Ni_2MnGa(c/a=1.27)$ 和 Ni_2MnGa $(c/a=0.94)$ 三种结构的电子自由能和振动自由能；比较四方变形时不同相的自由能大小发现，温度下降到 200K 以下时，发生从立方 $Ni_2MnGa(L2_1)$ 向四方 $Ni_2MnGa(c/a=1.27)$ 的转变；从立方 $Ni_2MnGa(L2_1)$ 转变为四方 $Ni_2MnGa(c/a=1.27)$ 的驱动能是振动自由能；计算了四方 $Ni_2MnGa(c/a=0.94)$ 的磁各向异性能量。

2002 年，Ayuela 等研究了四方变形。研究发现，存在亚稳定四方结构，$c/a=0.94$；中子衍射实验也表明，四方变形后 Ni 原子周围的电子密度发生重新分布[32]。

2002 年,MacLaren 研究了合金化对 Ni_2MnGa 合金形状记忆效应的影响[33]。对化学计量比 $Ni_2MnGa(L2_1)$ 进行了计算:用 VASP 软件得到晶格常数 $a = 5.82$Å,体积模量 $B = 147$GPa, 弹性常数 $C_{11} - C_{12} = 28$GPa, $C_{44} = 103$GPa;用 LKKR 软件得到弹性常数 $C_{11} - C_{12} = 14$GPa,Mn 原子磁矩 $3.29\mu_B$,Ni 原子磁矩 $0.28\mu_B$,Ga 原子磁矩 $-0.046\mu_B$。另外,计算了 $Ni_2MnGa(L2_1)$ 及其四方变形结构的电子态密度。随后 Maclaren 研究了不同的合金化对 Ni_2MnGa 合金的影响,对非化学计量比 Ni_2MnGa 合金的计算表明增加 Ni 将提高马氏体转变温度;分析了不改变电子原子比 e/a(如用 Al 替代 Ga)、提高 e/a(如用 Cu 替代 Ni,用 Ni 替代 Mn)、降低 e/a(如用 Co 替代 Ni)等对合金性能的影响;用第一性原理计算合金弹性常数,表明马氏体转变和弹性常数软化($C_{11} - C_{12}$ 减小)密切相关,并揭示了结构和性能的变化与电子态密度的变化直接相关。

2003 年,Enkovaara 等[34]通过实验和计算的方法研究了富 Mn 的铁磁性和反铁磁性。实验发现,富 Mn 对 Ni_2MnGa 合金饱和磁矩的影响很明显,成分为化学计量比的 $Ni_2MnGa(L2_1)$ 合金的饱和磁矩最大。第一性原理计算揭示出富余的 Mn 原子是反铁磁性的,从而解释了实验现象。

近十年来,第一性原理计算的发展非常迅速,目前已形成实验研究、理论研究、计算研究三足鼎立之势,开展了大量 Ni_2MnGa 合金的第一性原理计算方面的研究,涉及晶格常数计算、电子结构计算、弹性常数计算、声子计算、相变机理计算,以及各种方式的掺杂对 Ni_2MnGa 合金的改变等。特别是近五年时间里,采用第一性原理计算 Ni_2MnGa 合金的研究内容更为丰富和有特色。文献[35]~[63]使 Ni_2MnGa 合金的基础研究进一步深入。文献[64]~[77]研究了化学成分对 Ni_2MnGa 合金相稳定性的影响。文献[78]~[81] 采用第一性原理计算研究了 Ni_2MnGa 合金的形状记忆效应。文献[82]~[84]采用第一性原理计算研究了 Ni_2MnGa 合金的磁热效应。文献[85]研究了 Ni_2MnGa 合金的声子谱。Sokolovskiy 等结合蒙特卡罗方法和第一性原理计算方法,对单晶和多晶的 Ni_2MnGa 合金进行了研究[82,86-89]。Hu 等对 Ni_2MnGa 合金的计算研究开展了内容丰富的工作,并特别指出,对于非化学计量比的和掺杂的 Ni_2MnGa 合金,由于原子位置的随机性,常用的第一性原理计算并不适用,而采用基于相干势近似(CPA)的第一性原理计算方法是一种更好的选择[90-96]。

在此,将文献中的各种实验和计算结果进行汇总,如表 1.2 所示。

表 1.2 文献中 Ni₂MnGa 合金性质的实验值和计算值

立方结构

	基础性质	磁矩/μB				T_m/K	T_p/K	T_c/K	B_0/GPa	C'/GPa	C_L/GPa	C_{11}/GPa	C_{12}/GPa	C_{44}/GPa
	a_0/Å	μ_0/μB	μ_{Mn}/μB	μ_{Ni}/μB	μ_{Ga}/μB									
实验1[18]	5.825	4.17	3.86	<0.3	—	202	—	—	—	—	—	—	—	—
实验2[19]	—	—	—	—	—	—	—	—	—	—	—	—	—	—
实验3[21]	5.832	4.17	—	—	—	204	247	—	146	4.50	—	152	143	103
实验4[11]	5.822	—	—	—	—	276	—	—	—	—	—	—	—	—
实验5[20]	—	—	2.74	0.24	−0.013	—	—	—	—	—	—	—	—	—
实验6[22]	5.826	—	—	—	—	—	—	—	156.0	4	—	—	—	—
实验7[59]	—	—	—	—	—	175	—	381	—	22	222	136	—	102
计算[32]	5.810	4.18	3.43	0.36	−0.04	—	—	—	—	—	—	—	—	—
计算[60]	5.808	4.09	3.36	0.37	−0.04	—	—	—	—	—	—	—	—	—
计算[61]	5.836	3.982	3.447	0.292	—	200 (220)	260	385 (380)	—	—	—	—	—	—
计算[54]	6.070	4.23	3.61	0.33	−0.028	—	—	—	136.88	—	—	146	125	98.1

四方结构

	基础性质		磁矩/μB				B_0/GPa	C'/GPa	C_{ij}					
	$a=b$; c/Å	c/a	μ_0/μB	μ_{Mn}/μB	μ_{Ni}/μB	μ_{Ga}/μB			C_{11}/GPa	C_{12}/GPa	C_{13}/GPa	C_{33}/GPa	C_{44}/GPa	C_{66}/GPa
实验1[18]	(4.2K) 5.920; 5.566	0.94	—	—	—	—	—	—	—	—	—	—	—	—
实验2[19]	—	—	—	—	—	—	—	—	—	—	—	—	—	—
实验3[21]	(10K) 5.925; 5.563	0.94	—	—	—	—	—	—	—	—	—	—	—	—
实验4[11]	5.90; 5.44	0.92	—	—	—	—	—	—	—	—	—	—	—	—
实验5[20]	—	1.26	—	2.83	0.36	−0.06	—	—	—	—	—	—	—	—
实验6[22]	—	1.16	—	—	—	—	—	—	—	—	—	—	—	—
实验7[59]	—	—	—	—	—	—	—	—	—	—	—	—	—	—
计算[32]	—	0.94/ 1.26	—	3.43	0.4	−0.04	—	12/30	—	—	—	—	—	—
计算[60]	—	1.16	—	—	—	—	—	—	—	—	—	—	—	—
计算[61]	—	—	—	—	—	—	—	—	—	—	—	—	—	—
计算[54]	—	1.27	4.05	—	—	—	—	—	—	—	—	—	—	—

续表

| | 立方结构 | | | | | | | | | | | | | | 四方结构 | | | | | | | | | | | | | |
| | 基础性质 | 磁矩/μ_B | | | | T_m/K | T_p/K | T_c/K | C_{ij} | | | | | | 基础性质 | | 磁矩/μ_B | | | | | | C_{ij} | | | | | |
	a_0/Å	μ_0/μ_B	μ_{Mn}/μ_B	μ_{Ni}/μ_B	μ_{Ga}/μ_B				B_0/GPa	C'/GPa	C_L/GPa	C_{11}/GPa	C_{12}/GPa	C_{44}/GPa	$a=b$;c/Å	c/a	μ_0/μ_B	μ_{Mn}/μ_B	μ_{Ni}/μ_B	μ_{Ga}/μ_B	B_0/GPa	C'/GPa	C_{11}/GPa	C_{12}/GPa	C_{13}/GPa	C_{33}/GPa	C_{44}/GPa	C_{66}/GPa
计算[48]	—	—	—	—	—	—	—	—	155.7	5.50	—	163	152	107	—	0.94/1.27	—	—	—	—	158	89	252	74	144	194	100	—
计算[62]	5.771	4.22	3.70	0.30	-0.07	—	—	—	170.0	—	—	—	—	—	6.12;5.65	1.08	—	—	—	—	—	—	—	—	—	—	—	—
计算[36]	5.835	4.27	—	—	—	—	—	—	155.0	2.50	—	153	148	—	—	0.94	—	—	—	—	—	—	—	—	—	—	—	—
计算[36]	5.681	3.92	—	—	—	—	—	—	202.0	-2.50	240	138	143	100	—	1.18	—	—	—	—	—	—	—	—	—	—	—	—
计算[81]	5.812	4.07	3.39	0.35	-0.02	—	—	—	155.0	6.10	—	163	151	110	5.37;6.77	1.26	4.09	3.30	0.41	-0.03	89	—	—	—	—	—	—	—
计算[39]	5.8067	4.35	—	—	—	—	—	—	—	—	—	—	—	—	—	—	—	—	—	—	—	—	—	—	—	—	—	—
计算[63]	5.820	—	—	—	—	—	—	—	—	—	—	—	—	—	—	0.955/1.25	—	—	—	—	—	—	—	—	—	—	—	—
计算[96]	5.8922	4.27	3.54	0.29	-0.07	—	—	—	151.9	15.90	—	—	—	99.4	—	—	—	—	—	—	—	—	—	—	—	—	—	—
计算[96]	5.8208	3.96	—	—	—	—	—	—	157.5	7.90	—	168	152.2	107	—	1.37	—	—	—	—	—	—	—	—	—	—	—	—
计算[67]	5.6563	—	—	—	—	—	—	—	202.2	11.7	—	—	—	134.7	—	—	—	—	—	—	—	—	—	—	—	—	—	—
计算[94]	5.813	3.96	3.45	0.29	-0.07	—	—	—	—	—	—	—	—	—	—	0.92	4.10	—	—	—	—	—	—	—	—	—	—	—

1.4 Heusler 合金 Ni_2MnGa 的晶体结构

晶体结构是认识一种新材料的起始,更是第一性原理计算建模的基础。目前已有不少研究进行了 Ni_2MnGa 合金晶体结构的测定,其中有些已经收录到无机晶体结构数据库(inorganic crystal structure database, ICSD)中。由于研究方法、研究条件和试样制备的不同,不同数据来源所提供的信息并不完全相同。下面选择呈现了一些有代表性的研究数据。

1.4.1 $Ni_2MnGa(L2_1)$ 晶体结构

$Ni_2MnGa(L2_1)$ 结构的实验测定,见源文件 1.1。其中可见,$Ni_2MnGa(L2_1)$ 是高度有序的 $L2_1$ 立方结构,空间群为 225,FM-3M;晶格常数为 $a=5.823Å$,晶胞体积为 $197.44Å^3$;各原子的威科夫位置分别为 Ga(4a)、Mn(4b)、Ni(8c),原子坐标分别为 Ga(0,0,0),Mn(0.5,0.5,0.5),Ni(0.25,0.25,0.25);数据中还提供了来源文献的相关信息。

源文件 1.1 $Ni_2MnGa(L2_1)$ 结构的实验测定(1992 年)[97]

```
*data for    ICSD #657180
Coll Code    657180
Rec Date     2008/08/01
Chem Name    Gallium Manganese Nickel (1/1/2)
Structured   Ga Mn Ni2
Sum          Ga1 Mn1 Ni2
ANX          NOP2
D(calc)      8.14
Title        A structural phase transition and magnetic properties in a Heusler
             alloy Ni2 Mn Ga
Author(s)    Ooiwa,K.;Endo,K.;Shinogi,A.
Reference    Journal of Magnetism and Magnetic Materials
             (1992),104,2011-2012
Unit Cell    5.823 5.823 5.823 90.0 90.0 90.0
Vol          197.44
Z            4
Space Group  Fm-3m
SG Number    225
Cryst Sys    cubic
```

Pearson	cF16							
Wyckoff	c b a							
Red Cell	F　4. 117 4. 117 4. 117 59. 999 59. 999 59. 999 49. 361							
Trans Red	0. 500 0. 500 0. 000 / 0. 000 0. 500 0. 500 / 0. 500 0. 000 0. 500							
Comments	Metals Sdata Record:INT=count;RAD=Cu;APP=							

Comments Metals Sdata Record:INT=count;RAD=Cu;APP=
　　　　　diffractometer
　　　　　Structure type :BiF3/Cu2MnAl
　　　　　X-ray diffraction (powder) \N
　　　　　No R value given in the paper.
　　　　　At least one temperature factor missing in the paper.

Atom	#	OX	SITE	x	y	z	SOF	H
Ga	1	+ 0	4 a	0	0	0	1	0
Mn	1	+ 0	4 b	0.5	0.5	0.5	1	0
Ni	1	+ 0	8 c	0.25	0.25	0.25	1	0

*end for　ICSD #657180

　　更多 $Ni_2MnGa(L2_1)$ 结构的实验测定，见源文件 1.2～源文件 1.6。晶体结构建模可以根据实际情况选择合适的数据。

源文件 1.2　$Ni_2MnGa(L2_1)$ 结构的实验测定(1987 年)[98]

----

*data for　ICSD # 634653
Coll Code　634653
Rec Date　2008/08/01
Chem Name　Gallium Manganese Nickel (1/1/2)
Structured Ga Mn Ni2
Sum　　　Ga1 Mn1 Ni2
ANX　　　NOP2
D(calc)　8. 22
Title　　Effect of hydrostatic pressure on the Curie temperature of the
　　　　　Heusler alloys Ni2 Mn Z(Z=Al,Ga,In,Sn and Sb)
Author(s) Kanomata,T. ;Shirakawa,K. ;Kaneko,T.
Reference　Journal of Magnetism and Magnetic Materials
　　　　　(1987),65,76-82
Unit Cell　5. 805 5. 805 5. 805 90. 0 90. 0 90. 0
Vol　　　195. 62
Z　　　　4
Space Group Fm-3m

SG Number   225
Cryst Sys   cubic
Pearson   cF16
Wyckoff   c b a
Red Cell   F   4.104 4.104 4.104 60 60 60 48.904
Trans Red   0.500 0.500 0.000 / 0.000 0.500 0.500 / 0.500 0.000 0.500
Comments   Structure type :BiF3/Cu2MnAl
             X-ray diffraction from single crystal \N
             No R value given in the paper.
             At least one temperature factor missing in the paper.

Atom	#	OX	SITE	x	y	z	SOF	H
Ga	1	+ 0	4 a	0	0	0	1	0
Mn	1	+ 0	4 b	0.5	0.5	0.5	1	0
Ni	1	+ 0	8 c	0.25	0.25	0.25	1	0

*end for   ICSD # 634653

源文件 1.3　Ni$_2$MnGa(L2$_1$)结构的实验测定(1984 年)[18]

----

*data for   ICSD #634654
Coll Code   634654
Rec Date   2008/08/01
Chem Name   Gallium Manganese Nickel (1/1/2)
Structured   Ga Mn Ni2
Sum   Ga1 Mn1 Ni2
ANX   NOP2
D(calc)   8.14
Title   Magnetic order and phase transformation in Ni2 Mn Ga
Author(s)   Webster,P.J.;Ziebeck,K.R.A.;Town,S.L.;Peak,M.S.
Reference   Philosophical Magazine,Part B
             (1984),49(3),295-310
Unit Cell   5.825 5.825 5.825 90.0 90.0 90.0
Vol   197.65
Z   4
Space Group Fm-3m
SG Number   225
Cryst Sys   cubic
Pearson   cF16
Wyckoff   c b a

Red Cell   F   4.118 4.118 4.118 60 60 60 49.411
Trans Red   0.500 0.500 0.000 / 0.000 0.500 0.500 / 0.500 0.000 0.500
Comments   Metals Sdata Record:INT=count;RAD=Fe; APP=
              diffractometer
              Temperature in Kelvin:295
              Structure type :BiF3/Cu2MnAl
              X-ray diffraction (powder) \N
              No R value given in the paper.
              At least one temperature factor missing in the paper.

Atom	#	OX	SITE	x	y	z	SOF	H
Ga	1	+0	4 a	0	0	0	1	0
Mn	1	+0	4 b	0.5	0.5	0.5	1	0
Ni	1	+0	8 c	0.25	0.25	0.25	1	0

*end for   ICSD #634654

源文件 1.4　$Ni_2MnGa(L2_1)$ 结构的实验测定（1983 年）[99]

----

*data for   ICSD #103803
Coll Code   103803
Rec Date   2004/10/01
Mod Date   2006/04/01
Chem Name   Gallium Manganese Nickel (1/1/2)
Structured   Ga Mn Ni2
Sum   Ga1 Mn1 Ni2
ANX   NOP2
D(calc)   8.13
Title   Site and probe dependence of hyperfine magnetic field in Heusler
             alloys X2 Mn Z (X=Ni,Cu,Rh,Pd and Z=Ga,Ge,In,Sn,Pb)
Author(s)   Iha,S.;Seyoum,H.M.;Demarco,M.;Julian,G.M.;Stubbs,D.A.;Blue,
             J.W.;Silva,M.T.X.;Vasquez,A.
Reference   Hyperfine Interactions
             (1983),16,685-688
             Acta Physica Polonica,A
             (1975),47,521-522
             Golden Book of Phase Transitions,Wroclaw
             (2002),1,1-123
Unit Cell   5.825 5.825 5.825 90.90.90.
Vol   197.65

Z　　　　　　4

Space Group　Fm-3m

SG Number　　225

Cryst Sys　　cubic

Pearson　　　cF16

Wyckoff　　　c b a

Red Cell　　F　4. 118 4. 118 4. 118 60 60 60 49. 411

Trans Red　　0. 500 0. 500 0. 000 / 0. 000 0. 500 0. 500 / 0. 500 0. 000 0. 500

Comments　　Cell from 2nd ref. (Soltys) :5. 827 at 293 K

　　　　　　Stable above 202 K (3rd ref. ,Tomaszewski) ,below Imma

　　　　　　The structure has been assigned a PDF number (calculated

　　　　　　powder diffraction data) :01-071-8567

　　　　　　The structure has been assigned a PDF number (experimental

　　　　　　powder diffraction data) :50-1518

　　　　　　Structure type :BiF3/Cu2MnAl

　　　　　　X-ray diffraction (powder)

　　　　　　No R value given in the paper.

　　　　　　At least one temperature factor missing in the paper.

Atom	#	OX	SITE	x	y	z	SOF	H
Ga	1	+0	4 a	0	0	0	1	0
Mn	1	+0	4 b	0.5	0.5	0.5	1	0
Ni	1	+0	8 c	0. 25	0. 25	0. 25	1	0

*end for　　ICSD#103803

源文件 1.5　Ni$_2$MnGa(L2$_1$)结构的实验测定(1983 年)[100]

----

*data for　　ICSD #103804

Coll Code　　103804

Rec Date　　2004/10/01

Mod Date　　2006/04/01

Chem Name　　Gallium Manganese Nickel (1/1/2)

Structured　Ga Mn Ni2

Sum　　　　　Ga1 Mn1 Ni2

ANX　　　　　NOP2

D(calc)　　　8. 09

Title　　　Magneto-optical properties of metallic ferromagnetic materials

Author(s)　Buschow,K. H. J. ;van Engen,P. G. ;Jongebreur,R.

Reference　Journal of Magnetism and Magnetic Materials

```
                  (1983),38,1-22
                  Golden Book of Phase Transitions,Wroclaw
                  (2002),1,1-123
Unit Cell         5. 835 5. 835 5. 835 90. 90. 90.
Vol               198. 67
Z                 4
Space Group Fm-3m
SG Number         225
Cryst Sys         cubic
Pearson           cF16
Wyckoff           c b a
Red Cell          F   4. 125 4. 125 4. 125 59. 999 59. 999 59. 999 49. 666
Trans Red         0. 500 0. 500 0. 000 / 0. 000 0. 500 0. 500 / 0. 500 0. 000 0. 500
Comments          Stable above 202 K (2nd ref. ,Tomaszewski),below Imma
                  The structure has been assigned a PDF number (calculated
                  powder diffraction data):01-071-8568
                  The structure has been assigned a PDF number (experimental
                  powder diffraction data):50-1518
                  Structure type :BiF3/Cu2MnAl
                  X-ray diffraction (powder)
                  No R value given in the paper.
                  At least one temperature factor missing in the paper.
```

Atom	#	OX	SITE	x	y	z	SOF	H
Ga	1	+0	4 a	0	0	0	1	0
Mn	1	+0	4 b	0. 5	0. 5	0. 5	1	0
Ni	1	+0	8 c	0. 25	0. 25	0. 25	1	0

```
*end for     ICSD# 103804
```

源文件 1.6　$Ni_2MnGa(L2_1)$结构的实验测定(1975 年)[101]

```
*data for    ICSD #634648
Coll Code    634648
Rec Date     2008/08/01
Chem Name    Gallium Manganese Nickel (1/1/2)
Structured   Ga Mn Ni2
Sum          Ga1 Mn1 Ni2
ANX          NOP2
D(calc)      8. 13
```

Title　　　　The effect of heat treatment on the atomic arrangement and the
　　　　　　magnetic properties in Ni2 Mn Ga
Author(s)　 Soltys,J.
Reference　 Acta Physica Polonica,A
　　　　　　(1975),47(4),521-522
Unit Cell　 5.827 5.827 5.827 90.0 90.0 90.0
Vol　　　　　197.85
Z　　　　　　4
Space Group Fm-3m
SG Number　 225
Cryst Sys　 cubic
Pearson　　 cF16
Wyckoff　　 c b a
Red Cell　　F　4.120 4.120 4.120 60 60 60 49.462
Trans Red　 0.500 0.500 0.000 / 0.000 0.500 0.500 / 0.500 0.000 0.500
Comments　　unit cell dimensions taken from figure
　　　　　　unit cell dimension given in function of cooling time
　　　　　　Metals Sdata Record:INT=count; APP=diffractometer
　　　　　　Temperature in Kelvin:293
　　　　　　Structure type:BiF3/Cu2MnAl
　　　　　　X-ray diffraction from single crystal \N
　　　　　　No R value given in the paper.
　　　　　　At least one temperature factor missing in the paper.

Atom	#	OX	SITE	x	y	z	SOF	H
Ga	1	+0	4 a	0	0	0	1	0
Mn	1	+0	4 b	0.5	0.5	0.5	1	0
Ni	1	+0	8 c	0.25	0.25	0.25	1	0

*end for　　ICSD #634648

1.4.2　Ni$_2$MnGa(四方)结构

低温时,Ni$_2$MnGa 合金将会从高有序度的 L2$_1$ 立方结构转变为低有序度的四方结构,通常称这个过程为马氏体相变。Ni$_2$MnGa(四方)结构的实验测定,见源文件 1.7 和源文件 1.8。源文件 1.7 显示,Ni$_2$MnGa(四方)的有序度比 Ni$_2$MnGa(L2$_1$)的降低了,空间群为 139,I4/MMM;晶格常数为 $a=3.865$Å,$c=6.596$Å,晶胞体积为 98.53Å^3;各原子的威科夫位置分别为 Ga(4d)、Mn(2b)、Ni(2a),原子坐标坐标分别为 Ga(0,0.50,0.25),Mn(0,0,0.5),Ni(0,0,0);数据中也提供了来源文献的相关信息。

源文件 1.7　Ni₂MnGa(四方)结构的实验测定(2005 年)[102]

```
*data for    ICSD #153292
Coll Code    153292
Rec Date     2006/10/01
Mod Date     2008/08/01
Chem Name    Nickel Manganese Gallium (2/1/1)
Structured   Ni2 Mn Ga
Sum          Ga1 Mn1 Ni2
ANX          NOP2
D(calc)      8.16
Title        Crystal structure and phase transformation in Ni53 Mn25 Ga22 shape
             memory alloy from 20 K to 473 K
Author(s)    Cong,D.Y.;Zetterstrom,P.;Wang,Y.D.;Delaplane,R.;Peng,R.
             Lin;Zhao,X.;Zuo,L.
Reference    Applied Physics Letters
             (2005),87,111906-1-111906-3
Unit Cell    3.865(1) 3.865(1) 6.596(1) 90. 90. 90.
Vol          98.53
Z            2
Space Group  I4/mmm
SG Number    139
Cryst Sys    tetragonal
Pearson      tI8
Wyckoff      d b a
Red Cell     I  3.865 3.865 4.283 116.819 116.819 89.999 49.266
Trans Red    1.000 0.000 0.000 / 0.000 -1.000 0.000 / -0.500 0.500 -0.500
Comments     Lattice constants at 20 K:3.839(1),6.630(1); at 100 K:
             3.840(1),6.618(1); at 150 K:3.843(1),6.610(1); at 200 K:
             3.848(1),6.606(1); at 250 K:3.852(1),6.596(1); at 273 K:
             3.854(1),6.591(1)
             There is a jump in the lattice constants between 273 and
             293 K
             Lattice constants at 403 K:3.891(1),6.520(1); at 423 K:
             3.902(1),6.493(1); at 473 K:3.916(1),6.450(1)
             Neutron diffraction (powder)
             Rietveld profile refinement applied
```

Structure type :LiPd2Tl

No R value given in the paper.

At least one temperature factor missing in the paper.

Atom	#	OX	SITE	x	y	z	SOF	H
Ni	1	+0	4 d	0	0.5	0.250	1	0
Mn	1	+0	2 b	0	0	0.5	1	0
Ga	1	+0	2 a	0	0	0	1	0

*end for   ICSD # 153292

源文件 1.8　Ni₂MnGa(四方)结构的实验测定(1999 年)[103]

----

*data for	ICSD #106917
Coll Code	106917
Rec Date	2005/10/01
Chem Name	Nickel Manganese Galium (2.16/0.84/1) - Lt
Structured	Ni2.16 Mn0.84 Ga
Sum	Ga1 Mn0.84 Ni2.16
ANX	NOP2
D(calc)	8.26
Title	Low temmperature crystal structure of Ni-Mn-Ga alloys
Author(s)	Wedel,B.;Suzuki,M.;Murakami,Y.;Wedel,C.;Suzuki,T.;Shindo, D.;Itagaki,K.
Reference	Journal of Alloys Compd. (1999),290,137- 143
Unit Cell	3.877 3.877 6.489 90.90.90.
Vol	97.54
Z	2
Space Group	I4/m m m
SG Number	139
Cryst Sys	tetragonal
Pearson	tI8
Wyckoff	d b a
Red Cell	I 3.877 3.877 4.247 117.153 117.153 89.999 48.768
Trans Red	1.000 0.000 0.000 / 0.000 - 1.000 0.000 / - 0.500 0.500 - 0.500
Comments	The RT-phase is cubic:5.825,Z=4
	The structure has been assigned a PDF number (calculated powder diffraction data):01-072-9053
	Temperature in Kelvin:173

Structure type :LiPd2Tl

X-ray diffraction (powder)

No R value given in the paper.

At least one temperature factor missing in the paper.

Atom	#	OX	SITE	x	y	z	SOF	H
Ga	1	+0	2 a	0	0	0	1	0
Ni	1	+0	4 d	0	0.5	0.25	1	0
Ni	2	+0	2 b	0	0	0.5	0.16	0
Mn	1	+0	2 b	0	0	0.5	0.84	0

*end for　　ICSD # 106917

参 考 文 献

[1] Heusler F. Über magnetische manganlegierungen[J]. Verhandlungen der Deutschen Physikalischen Gesellschaft,1903,(5):219-223.

[2] Bradley A J,Rodgers J W. The crystal structure of the Heusler alloys[J]. Proceedings of the Royal Society A,1934,144(852):340-359.

[3] Klyucharev A P. Structure and magnetic properties of Heuser-like alloys[J]. Journal of Experimental and Theoretical Physics,1939,(9):1501-1511.

[4] Oxley D P,Williams K C,Tebble R S. Heusler alloys[J]. Journal of Applied Physics,1963,34(4):1362-1364.

[5] Endo K,Ohoyama T,Kimura R. On magnetic moment of Mn in aluminum Heusler alloy[J]. Journal of the Physical Society of Japan,1964,19(8):1494-1495.

[6] Geldart D,Ganguly P. Hyperfine fields and Curie temperatures of Heusler alloys Cu_2MnAl, Cu_2MnIn,and Cu_2MnSn[J]. Physical Review B,1970,1(7):3101-3108.

[7] Webster P J. Heusler Alloys [J]. Contemporary Physics,1969,10(6):559-577.

[8] Degroot R A,Mueller F M,Vanengen P G,et al. New class of materials—half-metallic ferromagnets[J]. Physical Review Letters,1983,50(25):2024-2027.

[9] Katsnelson M I,Irkhin V Y,Chioncel L,et al. Half-metallic ferromagnets:From band structure to many-body effects[J]. Reviews of Modern Physics,2008,80(2):315-378.

[10] Vasilev A N,Kaiper A,Kokorin V V,et al. Structural phase-transitions induced in Ni_2MnGa by low-temperature uniaxial compression[J]. Jetp Letters,1993,58(4):306-309.

[11] Ullakko K,Huang J K,Kantner C,et al. Large magnetic-field-induced strains in Ni_2MnGa single crystals[J]. Applied Physics Letters,1996,69(13):1966-1968.

[12] Mastronardi K,Young D,Wang C C,et al. Antimonides with the half-Heusler structure: New thermoelectric materials[J]. Applied Physics Letters,1999,74(10):1415-1417.

[13] Uher C,Yang J,Hu S,et al. Transport properties of pure and doped MnNiSn (M=Zr,Hf)[J]. Physical Review B,1999,59(13):8615-8621.

[14] Shen Q,Chen L,Goto T,et al. Effects of partial substitution of Ni by Pd on the thermoelectric properties of ZrNiSn-based half-Heusler compounds[J]. Applied Physics Letters,2001, 79(25):4165-4167.

[15] Chadov S,Qi X L,Kubler J,et al. Tunable multifunctional topological insulators in ternary Heusler compounds[J]. Nature Materials,2010,9(7):541-545.

[16] Lin H,Wray L A,Xia Y Q,et al. Half-Heusler ternary compounds as new multifunctional experimental platforms for topological quantum phenomena[J]. Nature Materials, 2010, 9 (7): 546-549.

[17] Xiao D,Yao Y G,Feng W X,et al. Half-Heusler compounds as a new class of three-dimensional topological insulators[J]. Physical Review Letters,2010,105(9):096404-1-096404-4.

[18] Webster P J, Ziebeck K, Town S L, et al. Magnetic order and phase-transformation in Ni_2MnGa[J]. Philosophical Magazine B-Physics of Condensed Matter Statistical Mechanics Electronic Optical and Magnetic Properties,1984,49(3):295-310.

[19] Worgull J, Petti E, Trivisonno J. Behavior of the elastic properties near an intermediate phase transition in Ni_2MnGa[J]. Physical Review B,1996,54(22):15695-15699.

[20] Brown P J,Bargawi A Y,Crangle J,et al. Direct observation of a band Jahn-Teller effect in the martensitic phase transition of Ni_2MnGa[J]. Journal of Physics: Condensed Matter, 1999,11(24):4715-4722.

[21] Ma Y W,Awaji S,Watanabe K,et al. X-ray diffraction study of the structural phase transition of Ni_2MnGa alloys in high magnetic fields[J]. Solid State Communications,2000,113(12): 671-676.

[22] Pons J,Chernenko V A,Santamarta R,et al. Crystal structure of martensitic phases in Ni-Mn-Ga shape memory alloys[J]. Acta Materialia,2000,48(12):3027-3038.

[23] Chernenko V A. Compositional instability of beta-phase in Ni-Mn-Ga alloys[J]. Scripta Materialia,1999,40(5):523-527.

[24] Chernenko V A,Pons J,Segui C,et al. Premartensitic phenomena and other phase transformations in Ni-Mn-Ga alloys studied by dynamical mechanical analysis and electron diffraction[J]. Acta Materialia,2002,50(1):53-60.

[25] Liu G D,Chen J L,Liu Z H,et al. Martensitic transformation and shape memory effect in a ferromagnetic shape memory alloy: Mn_2NiGa[J]. Applied Physics Letters, 2005, 87 (26): 262504-1-262504-3.

[26] Wu G H,Yu C H,Meng L Q,et al. Giant magnetic-field-induced strains in Heusler alloy NiMnGa with modified composition[J]. Applied Physics Letters,1999,75(19):2990-2992.

[27] Tickle R,James R D. Magnetic and magnetomechanical properties of Ni_2MnGa[J]. Journal of Magnetism and Magnetic Materials,1999,195(3):627-638.

[28] Murray S J,Marioni M A,Kukla A M,et al. Large field induced strain in single crystalline Ni-Mn-Ga ferromagnetic shape memory alloy[J]. Journal of Applied Physics,2000,87(92): 5774-5776.

［29］Smith A R,Tellinen J,Ullakko K. Rapid actuation and response of Ni-Mn-Ga to magnetic-field-induced stress[J]. Acta Materialia,2014,80(8):373-379.

［30］Pagounis E,Laptev A,Jungwirth J,et al. Magnetomechanical properties of a high-tempera-ture Ni-Mn-Ga magnetic shape memory actuator material[J]. Scripta Materialia,2014,88(10): 17-20.

［31］Enkovaara J,Ayuela A,Nordstrom L,et al. Structural,thermal,and magnetic properties of Ni_2MnGa[J]. Journal of Applied Physics,2002,91(102):7798-7800.

［32］Ayuela A,Enkovaara J,Nieminen R M. Ab initio study of tetragonal variants in Ni_2MnGa alloy[J]. Journal of Physics:Condensed Matter,2002,14(21):5325-5336.

［33］Maclaren J M. Role of alloying on the shape memory effect in Ni_2MnGa[J]. Journal of Ap-plied Physics,2002,91(102):7801-7803.

［34］Enkovaara J,Heczko O,Ayuela A,et al. Coexistence of ferromagnetic and antiferromagnetic order in Mn-doped Ni_2MnGa[J]. Physical Review B,2003,67(21):212405-1-212405-4.

［35］Enkovaara J, Ayuela A, Jalkanen J, et al. First-principles calculations of spin spirals in Ni_2MnGa and Ni_2MnAl[J]. Physical Review B,2003,67(5):054417-1-054417-7.

［36］Bungaro C,Rabe K M,Corso A D. First-principles study of lattice instabilities in ferromag-netic Ni_2MnGa[J]. Physical Review B,2003,68(13):134104-1-134104-9.

［37］Sasioglu E, Sandratskii L M, Bruno P. First-principles calculation of the intersublattice exchange interactions and Curie temperatures of the full Heusler alloys Ni_2MnX (X=Ga, In,Sn,Sb)[J]. Physical Review B,2004,70(2):024427-1-024427-5.

［38］Nakata Y,Inoue K. First principle calculations on structures and magnetic properties in non-stoichiometric Ni-Mn-Ga shape memory alloys[J]. Materials Transactions, 2004, 45 (8): 2661-2664.

［39］Zayak A T,Entel P,Rabe K M,et al. Anomalous vibrational effects in nonmagnetic and magnetic Heusler alloys[J]. Physical Review B,2005,72(5):054113-1-054113-8.

［40］Chen J,Li Y,Shang J X,et al. First principles calculations on martensitic transformation and phase instability of Ni-Mn-Ga high temperature shape memory alloys[J]. Applied Physics Letters,2006,89(23):231921-1-231921-3.

［41］Entel P,Gruner M E,Adeagbo W A,et al. Ab initio modeling of martensitic transformations (MT) in magnetic shape memory alloys[J]. Journal of Magnetism and Magnetic Materials, 2007,310(23):2761-2763.

［42］Entel P, Gruner M E, Adeagbo W A, et al. Magnetic-field-induced changes in magnetic shapememory alloys[J]. Materials Science and Engineering A-Structural Materials Proper-ties Microstructure and Processing,2008,481(SI):258-261.

［43］Gao Z Y,Liu C,Tan C L,et al. Effect of structure on the optical properties of Ni-Mn-Ga alloy:Experimental and theoretical investigation[J]. Society of Photo-optical Instrumenta-tion Engineers Conference Series,2009,7493:74934B-1-74934B-8.

［44］Chen J,Li Y,Shang J X,et al. Site preference and alloying effect of excess Ni in Ni-Mn-Ga shape memory alloys[J]. Chinese Physics Letters,2009,26(4):188-191.

[45] Hu Q M,Li C M,Yang R,et al. Site occupancy,magnetic moments,and elastic constants of off-stoichiometric Ni_2MnGa from first-principles calculations[J]. Physical Review B,2009, 79(14):144112-1-144112-8.

[46] Zeng M,Cai M Q,Or S W,et al. Anisotropy of the electrical transport properties in a Ni_2MnGa single crystal:Experiment and theory[J]. Journal of Applied Physics,2010,107(8): 083713-1-083713-5.

[47] Bai J,Raulot J M,Zhang Y D,et al. Defect formation energy and magnetic structure of shape memory alloys Ni-X-Ga (X=Mn,Fe,Co) by first principle calculation[J]. Journal of Applied Physics,2010,108(6):064904-1-064904-7.

[48] Kart S O,Cagin T. Elastic properties of Ni_2MnGa from first-principles calculations[J]. Journal of Alloys and Compounds,2010,508(1):177-183.

[49] Bai J,Raulot J M,Zhang Y D,et al. Crystallographic,magnetic,and electronic structures of ferromagnetic shape memory alloys Ni_2XGa (X=Mn,Fe,Co) from first-principles calculations[J]. Journal of Applied Physics,2011,109(1):014908-1-014908-6.

[50] Ghosh S,Vitos L,Sanyal B. Structural and elastic properties of $Ni_{2+x}Mn_{1-x}Ga$ alloys[J]. Physica B:Condensed Matter,2011,406(11):2240-2244.

[51] Galanakis I,Sasioglu E. Variation of the magnetic properties of Ni_2MnGa Heusler alloy upon tetragonalization:A first-principles study[J]. Journal of Physics D-Applied Physics, 2011,44(23):235001-1-235001-6.

[52] Siewert M,Gruner M E,Dannenberg A,et al. Designing shape-memory Heusler alloys from first-principles[J]. Applied Physics Letters,2011,99(19):191904-1-191904-3.

[53] Li C M,Luo H B,Hu Q M,et al. Temperature dependence of elastic properties of $Ni_{2+x}Mn_{1-x}Ga$ and $Ni_2Mn(Ga_{1-x}Al_x)$ from first principles[J]. Physical Review B,2011,84(17): 174117-1-174117-11.

[54] Qawasmeh Y,Hamad B. Investigation of the structural,electronic,and magnetic properties of Ni-based Heusler alloys from first principles[J]. Journal of Applied Physics,2012,111(3): 033905-1-033905-7.

[55] Xu N,Raulot J M,Li Z B,et al. Oscillation of the magnetic moment in modulated martensites in Ni_2MnGa studied by ab initio calculations[J]. Applied Physics Letters,2012,100(8): 084106-1-084106-5.

[56] Himmetoglu B,Katukuri V M,Cococcioni M. Origin of magnetic interactions and their influence on the structural properties of Ni_2MnGa and related compounds[J]. Journal of Physics:Condensed Matter,2012,24(18):185501-1-185501-15.

[57] Entel P,Gruner M E,Comtesse D,et al. Interaction of phase transformation and magnetic properties of Heusler alloys:A density functional theory study[J]. JOM,2013,65(11): 1540-1549.

[58] Entel P,Siewert M,Gruner M E,et al. Optimization of smart Heusler alloys from first prin-

ciples[J]. Journal of Alloys and Compounds,2013,577(S1):S107-S112.

[59] Manosa L,Gonzalezcomas A,Obrado E,et al. Anomalies related to the TA(2)-phonon-mode condensation in the Heusler Ni_2MnGa alloy [J]. Physical Review B, 1997, 55 (17): 11068-11071.

[60] Ayuela A,Enkovaara J,Ullakko K,et al. Structural properties of magnetic Heusler alloys[J]. Journal of Physics:Condensed Matter,1999,11(8):2017-2026.

[61] Rhee J Y,Kudryavtsev Y V,Dubowik J,et al. Electronic structure and magnetic properties of Ni_2MnGa alloy films with different structural orders[J]. Journal of Applied Physics, 2003,93(9):5527-5530.

[62] Godlevsky V V,Rabe K M. Soft tetragonal distortions in ferromagnetic Ni_2MnGa and related materials from first principles[J]. Physical Review B,2001,63(13):134407-1-134407-5.

[63] Zayak A T,Entel P,Enkovaara J,et al. First-principles investigations of homogeneous lattice-distortive strain and shuffles in Ni_2MnGa[J]. Journal of Physics:Condensed Matter,2003, 15(2):159-164.

[64] Chen J,Li Y,Shang J X,et al. The effects of alloying elements Al and In on Ni-Mn-Ga shape memory alloys,from first principles[J]. Journal of Physics:Condensed Matter,2009, 21(4):045506-1-045506-7.

[65] Gao Z Y,Tan C L,Li M,et al. First-principle study on the effect of Co addition on the martensitic transformation of Ni-Mn-Ga ferromagnetic shape memory alloys[J]. Rare Metal Materials and Engineering,2009,38(8):1426-1428.

[66] Gao Z Y,Tan C L,Dong G F,et al. First principle study on the effect of Fe content on the phase stability of the Ni-Mn-Ga alloy[J]. International Journal of Modern Physics B,2010, 24(15/16):2369-2373.

[67] Li C M,Luo H B,Hu Q M,et al. First-principles investigation of the composition dependent properties of $Ni_{2+x}Mn_{1-x}Ga$ shape-memory alloys[J]. Physical Review B, 2010, 82 (2): 024201-1-024201-9.

[68] Ghosh S,Sanyal B. Complex magnetic interactions in off-stoichiometric NiMnGa alloys[J]. Journal of Physics:Condensed Matter,2010,22(34):346001-1-346001-6.

[69] Tan C L,Jiang J X,Tian X H,et al. Effect of Co on magnetic property and phase stability of Ni-Mn-Ga ferromagnetic shape memory alloys:A first-principles study[J]. Chinese Physics B, 2010,19(10):107102-1-107102-5.

[70] Bai J,Raulot J M,Zhang Y D,et al. The effects of alloying element Co on Ni-Mn-Ga ferromagnetic shape memory alloys from first-principles calculations[J]. Applied Physics Letters,2011,98(16):164103-1-164103-3.

[71] Luo H B,Hu Q M,Li C M,et al. Phase stability of $Ni_2(Mn_{1-x}Fe_x)Ga$:A first-principles study[J]. Physical Review B,2012,86(2):024427-1-024427-8.

[72] Bai J,Xu N,Raulot J M,et al. First-principles investigation of magnetic property and defect formation energy in Ni-Mn-Ga ferromagnetic shape memory alloy[J]. International Journal

of Quantum Chemistry,2013,113(6):847-851.

[73] Gao Z Y,Chen B S,Meng X L,et al. Site preference and phase stability of Ti doping Ni-Mn-Ga shape memory alloys from first-principles calculations[J]. Journal of Alloys and Compounds,2013,575(8):297-300.

[74] Chakrabarti A,Siewert M,Roy T,et al. Ab initio studies of effect of copper substitution on the electronic and magnetic properties of Ni_2MnGa and Mn_2NiGa[J]. Physical Review B,2013,88(17):174116-1-174116-11.

[75] Zeleny M,Sozinov A,Straka L,et al. First-principles study of Co- and Cu-doped Ni_2MnGa along the tetragonal deformation path[J]. Physical Review B,2014,89(18):184103-1-184103-9.

[76] Xu N,Raulot J M,Li Z B,et al. Composition dependent phase stability of Ni-Mn-Ga alloys studied by ab initio calculations[J]. Journal of Alloys and Compounds, 2014, 614 (2): 126-130.

[77] Al-Zyadi J,Gao G Y,Yao K L. Theoretical investigation of the electronic structures and magnetic properties of the bulk and surface (001) of the quaternary Heusler alloy NiCoMn-Ga[J]. Journal of Magnetism and Magnetic Materials,2015,378(3):1-6.

[78] Entel P,Dannenberg A,Siewert M,et al. Basic properties of magnetic shape-memory materials from first-principles calculations[J]. Metallurgical and Materials Transactions A-Physical Metallurgy and Materials Science,2012,43A(8):2891-2900.

[79] Siewert M,Gruner M E,Hucht A,et al. A first-principles investigation of the compositional dependent properties of magnetic shape memory Heusler alloys[J]. Advanced Engineering Materials,2012,14(8):530-546.

[80] Gruner M E,Fahler S,Entel P. Magnetoelastic coupling and the formation of adaptive martensite in magnetic shape memory alloys[J]. Physica Status Solidi B-Basic Solid State Physics,2014,251(10):2067-2079.

[81] Kart S O,Uludogan M,Karaman I,et al. DFT studies on structure,mechanics and phase behavior of magnetic shape memory alloys:Ni_2MnGa[J]. Physica Status Solidi A-Applications and Materials Science,2008,205(5):1026-1035.

[82] Sokolovskiy V,Grunebohm A,Buchelnikov V,et al. Ab initio and Monte Carlo approaches for the magnetocaloric effect in Co- and In-doped Ni-Mn-Ga Heusler alloys[J]. Entropy,2014,16(9):4992-5019.

[83] Nicholson D M,Odbadrakh K,Shassere B A,et al. Modeling and characterization of the magnetocaloric effect in Ni_2MnGa materials[J]. International Journal of Refrigeration-Revue Internationale Du Froid,2014,37(1):289-296.

[84] Comtesse D,Gruner M E,Ogura M,et al. First-principles calculation of the instability leading to giant inverse magnetocaloric effects[J]. Physical Review B,2014,89(18):184403-1-184403-6.

[85] Ener S,Neuhaus J,Petry W,et al. Effect of temperature and compositional changes on the phonon properties of Ni-Mn-Ga shape memory alloys[J]. Physical Review B,2012,86(14):

144305-1-144305-9.

[86] Buchelnikov V D, Sokolovskiy V V, Herper H C, et al. First-principles and Monte Carlo study of magnetostructural transition and magnetocaloric properties of $Ni_{2+x}Mn_{1-x}Ga$[J]. Physical Review B,2010,81(9):094411-1-094411-9.

[87] Kostromitin K I, Buchelnikov V D, Sokolovskiy V V, et al. Theoretical study of magnetic properties and multiple twin boundary motion in Heusler Ni-Mn-Ga shape memory alloys using first principles and Monte Carlo method[J]. Materials Science Forum,2013,738/739(1): 461-467.

[88] Kostromitin K I, Buchelnikov V D, Sokolovskiy V V, et al. Theoretical study of magnetic properties and twin boundary motion in Heusler Ni-Mn-X shape memory alloys using first principles and Monte Carlo method[J]. Advances in Science and Technology,2013,78(10): 7-12.

[89] Sokolovskiy V V, Pavlukhina O, Buchelnikov V D, et al. Monte Carlo and first-principles approaches for single crystal and polycrystalline Ni_2MnGa Heusler alloys[J]. Journal of Physics D-Applied Physics,2014,47(42):425002-1-425002-13.

[90] Kulkova S, Eremeev S, Hu Q M, et al. The influence of defects and composition on the electronic structure and magnetic properties of shape memory Heusler alloys[C]. Proceedings of the 8th European Symposium on Martensitic Transformations, Prague,2009:02017-1-02017-5.

[91] Dhaka R S, D'Souza S W, Maniraj M, et al. Photoemission study of the (100) surface of Ni_2MnGa and Mn_2NiGa ferromagnetic shape memory alloys[J]. Surface Science,2009,603(13): 1999-2004.

[92] Luo H B, Li C M, Hu Q M, et al. Theoretical investigation of the effects of composition and atomic disordering on the properties of $Ni_2Mn(Al_{1-x}Ga_x)$ alloy[J]. Acta Materialia,2011, 59(3):971-980.

[93] Li C M, Luo H B, Hu Q M, et al. Site preference and elastic properties of Fe-, Co-, and Cu-doped Ni_2MnGa shape memory alloys from first principles[J]. Physical Review B,2011,84(2): 024206-1-024206-10.

[94] Luo H B, Li C M, Hu Q M, et al. First-principles investigations of the five-layer modulated martensitic structure in $Ni_2Mn(Al_xGa_{1-x})$ alloys[J]. Acta Materialia, 2011, 59(15): 5938-5945.

[95] Hu Q M, Li C M, Kulkova S E, et al. Magnetoelastic effects in $Ni_2Mn_{1+x}Ga_{1-x}$ alloys from first-principles calculations[J]. Physical Review B,2010,81(6):064108-1-064108-5.

[96] Hu Q M, Luo H B, Li C M, et al. Composition dependent elastic modulus and phase stability of Ni_2MnGa based ferromagnetic shape memory alloys[J]. Science China-Technological Sciences,2012,55(2):295-305.

[97] Ooiwa K, Endo K, Shinogi A. A structural phase-transition and magnetic-properties in a Heusler alloy Ni_2MnGa[J]. Journal of Magnetism and Magnetic Materials,1992,104(3): 2011-2012.

[98] Kanomata T, Shirakawa K, Kaneko T. Effect of hydrostatic-pressure on the Curie-temperature of the Heusler alloys Ni_2MnAl, Ni_2MnGa, Ni_2MnIn, Ni_2MnSn and Ni_2MnSb[J]. Journal of Magnetism and Magnetic Materials, 1987, 65(1): 76-82.

[99] Jha S, Seyoum H M, Demarco M, et al. Site and probe dependence of hyperfine magnetic-field in $L2_1$ Heusler alloys Ni_2MnGa, Ni_2MnGe, Ni_2MnIn, Ni_2MnSn, Ni_2MnPb, Cu_2MnGa, Cu_2MnGe, Cu_2MnIn, Cu_2MnSn, Cu_2MnPb, Rh_2MnGa, Rh_2MnGe, Rh_2MnIn, Rh_2MnSn, Rh_2MnPb, Pd_2MnGa, Pd_2MnGe, Pd_2MnIn, Pd_2MnSn, Pd_2MnPb[J]. Hyperfine Interactions, 1983, 16(1/2/3/4): 685-688.

[100] Buschow K, Vanengen P G, Jongebreur R. Magneto-optical properties of metallic ferromagnetic materials[J]. Journal of Magnetism and Magnetic Materials, 1983, 38(1): 1-22.

[101] Soltys J. Effect of heat-treatment on atomic arrangement and magnetic-properties in Ni_2MnGa[J]. Acta Physica Polonica A, 1975, 47(4): 521-523.

[102] Cong D Y, Zetterstrom P, Wang Y D, et al. Crystal structure and phase transformation in $Ni_{53}Mn_{25}Ga_{22}$ shape memory alloy from 20K to 473K[J]. Applied Physics Letters, 2005, 87(11): 111906-1-111906-3.

[103] Wedel B, Suzuki M, Murakami Y, et al. Low temperature crystal structure of Ni-Mn-Ga alloys[J]. Journal of Alloys and Compounds, 1999, 290(1/2): 137-143.

第 2 章　第一性原理计算基础

本章以时间为导线,对第一性原理计算的发展历程进行概述,在关键的时间点上再详细讲述相关的基础理论。另外,本章用大部分篇幅对第一性原理计算的可靠性保证、第一性原理计算的一般步骤进行深入讨论,希望能为读者的第一性原理计算实践提供有益的帮助。

2.1　第一性原理计算概述

千百年来,人类对世间万物的探究从未停止过。过去对物质的研究探索多以动手的实验为主,谈及科学实验,人们一般都会联想到实验室,里面有实验装置,有分析测试仪器,放置了各种器皿,陈列了各种药品试剂。然而,科学发展的日新月异赋予了"实验"一词新的内涵,各种材料计算与模拟实验只需要在计算机上就可以进行。

第一性原理计算(first principles calculation)正是近现代的计算与模拟实验的典型代表。第一性原理计算的理论基础是量子力学,量子力学的飞速发展成就了第一性原理计算,第一性原理计算反之又推动了量子力学的进步。计算与模拟实验代替一些可以不用动手做的实验将是未来科学研究的趋势,这不但可以节约大量的人力物力,更重要的是表明人类的文明又向前迈进了一大步。

第一性原理计算是当前国内外非常热门的一种研究手段,利用其进行研究的领域众多,如物理、化学、材料和生物等。在 Web of Science 数据库中使用 first principles、ab-initio 和 DFT 这三个关键词分别进行主题搜索,得到 2009～2014 年各年发表的文章数目,如图 2.1 所示。由图可见,近 20 年来,发表的文章数量基本呈现逐年增加的趋势;在 2008 年以前的各年,与 ab-initio 有关的文章数量都比与 first principles 和 DFT 有关的文章数量要多;自 2009 年以后,与 ab-initio 有关的文章数量基本保持不变,而与 first principles 和 DFT 有关的文章数量则大幅增加。

需要说明的是,采用这三个关键词进行搜索是因为在第一性原理计算领域这三个词被使用的频率最高。其中, first principles 指第一性原理计算,ab-initio 指从头算,DFT 是 density functional theory 的缩写,即密度泛函理论。目前,对 first principles、ab-initio 和 DFT 之间的区分并不十分严格。一般来说,在凝聚态物理领域人们更习惯将理论计算称为第一性原理计算,而在量子化学领域人们则更习

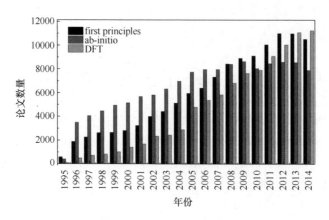

图 2.1　Web of Science 数据库中各年发表的文章数目

惯将理论计算称为从头算。凝聚态物理和量子化学在进行第一性原理计算和从头算研究时所基于的原理也有一些区别,第一性原理计算基于 DFT 理论,而量子化学则基于 Hartree-Fock (HF)理论。有关 DFT 和 HF 的联系和区别,有兴趣的读者可以做进一步的学习了解。

按照第一性原理计算的研究内容来划分,主要有以下四个方面。

(1) 电子结构。第一性原理计算以密度泛函理论为基础,决定了它在描述电子结构方面的优势。当前大多数的第一性原理计算软件都可以很方便地得到能带、态密度、电荷密度等多方面的电子结构性质。通过电子结构可以对材料的一些物理或化学性质进行深层次的理解和解释。

(2) 力学性质。利用第一性原理可以计算材料的弹性常数、弹性模量等力学性质。目前,利用第一性原理计算材料的压力相变是一个比较热门的研究领域。

(3) 热力学性质。第一性原理能够直接得到计算体系的基态能量,这使得利用能量进行热力学性质的计算非常方便。利用第一性原理可以计算形成能、表面能、吸附能等多种热力学方面的性质。

(4) 动力学性质。除了热力学性质,第一性原理也可以计算动力学方面的性质。例如,利用第一性原理计算软件可以对吸附过程中的过渡态进行搜索,计算出反应的能垒。

按照第一性原理计算的研究目的来划分,则一般可以分为两类。

(1)解释型计算。有些现象很难利用实验进行解释,或者即便可以利用实验进行解释也需要经历烦琐的过程或高昂的成本,而第一性原理计算往往可以用较低的成本对这些现象进行解释。例如,实验上观察到氮化钽(Ta_2N_3,正交结构)这种材料中天然含有大量以替换 N 形式存在的氧杂质,然而这些氧杂质存在的原因却并不清楚,实验上也没有较好的办法对其进行解释。Jiang 等[1]利用第一性原理计算得到纯净的以及掺氧的 Ta_2N_3 的弹性常数,如表 2.1 所示。由表可知,纯净的 Ta_2N_3 的 C_{66} 是负的,而含有氧杂质的 C_{66} 为正值。作为正交结构,Ta_2N_3 保持结构稳定的条件之一是 $C_{ij}(i,j=1\sim6)$ 都为正值。弹性常数的计算结果清楚地说明氧杂质起到了维持 Ta_2N_3 结构稳定的作用,很好地对 Ta_2N_3 中天然含有大量氧杂质的现象进行了解释。

表 2.1　纯净的以及掺氧的 Ta_2N_3 的弹性常数[1]（GPa）

结构	C_{11}	C_{22}	C_{33}	C_{12}	C_{23}	C_{13}	C_{44}	C_{55}	C_{66}
纯净的 Ta_2N_3	456	610	639	248	176	203	165	193	−54
掺氧的 Ta_2N_3	487	531	649	230	166	193	153	188	175

（2）预测型计算。第一性原理计算可以预测一些实验上尚未证实的现象。例如,过去人们一直认为金刚石是世界上最"硬"的材料,然而,第一性原理计算却打破了人们的惯有认识。Teter 等[2] 计算了 C_3N_4 这种材料多种同素异构体的体积模量,发现立方晶体结构的 C_3N_4 具有比金刚石更大的体积模量,从理论上预测 C_3N_4 是比金刚石更"硬"的材料。

实际上,大量的第一性原理计算相关研究并不仅是单一"解释型计算"或者"预测型计算",而往往是多方面的融合。例如,对含缺陷的半导体材料进行第一性原理计算时,除了要关注缺陷对半导体材料电子结构的影响,一般还会对热力学性质如缺陷形成能等进行计算,电子结构与热力学性质相结合才能对含缺陷半导体有更加全面而深刻的认识。另外,有些第一性原理计算相关研究在对实验现象进行解释的同时,也会提出一些理论上的预测,为进一步研究提供理论上的指导。

简单而言,第一性原理计算是一种不依赖经验参数便能预测微观体系各种性质的计算。与经验的或者半经验的计算相比,（理论上说）第一性原理计算只需要微观体系中各元素的原子种类和排列,就能够利用量子力学的基本原理计算出微观体系的电子结构等性质。然而,现实的困难摆在我们面前——Schrödinger 方程的解析解几乎不可能得到。正是为了给出 Schrödinger 方程的近似解,各种计算理论得到了极大的发展,而密度泛函理论正是其中的一个重要代表。

2.2　密度泛函理论简介

本节仅对密度泛函理论的由来和发展进行简单的介绍。由于对密度泛函理论的介绍需要很长的篇幅,并且目前已有很多非常好的介绍密度泛函理论的著作和文献[3]～[5],在此就不再对其进行深入的讨论。

在量子力学的知识体系里,对于一个由电子及原子核组成的相互作用的多粒子系统,其粒子状态可由 Schrödinger 方程来描述:

$$H\psi = E\psi \tag{2-1}$$

式中，H 是系统的 Hamilton 算符，ψ 是系统的波函数，E 是系统的能量。Hamilton 算符 H 可以表示为

$$H = \frac{h^2}{2m}\sum_{i=1}^{N}\nabla_i^2 + \sum_{i=1}^{N}V(r_i) + \sum_{i=1}^{N}\sum_{j<i}U(r_i,r_j) \tag{2-2}$$

可以看到，式(2-2)包含了三项，从左往右分别是电子的动能、电子与原子核的相互作用能以及电子与电子间的相互作用能。凝聚态物质的所有物理性质都已包括在式(2-1)中，只要能解 Schrödinger 方程得到波函数，就可以知道给定体系所有的物理性质。然而，一般的凝聚态物质中所包含的相互作用离子数目多达 10^{24} 量级，这使得 Schrödinger 方程是无法直接求解的。为此，需要对方程进行一些近似和简化处理。

1. B-O 近似

Born 和 Oppenheimer 最早提出了绝热近似理论，又称 B-O 近似[6]。绝热近似的理论依据是，虽然多粒子系统中粒子的数目非常多，但原子核的质量大约是电子质量的一千倍，因此原子核的运动速度相比于电子要小得多。也就是说，电子在高速运动时原子核只在其所处的平衡位置附近振动。基于这个理论依据，多粒子问题就可以分为两部分考虑：考虑电子运动时原子核处在它们的瞬时位置上，而考虑核的运动时则不考虑电子在空间的具体分布。简单地说，绝热近似就是将电子和原子核的运动分开处理。

2. Hartree-Fock 近似

虽然利用绝热近似后多粒子问题已经大大简化，但仍不能直接求解，困难来源于电子之间相互作用的表达方式仍然没有解决。为此，Hartree 和 Fock 提出在不考虑 Pauling 原理的条件下，将其他电子对于所考虑电子的瞬时作用平均化和球对称化，这也称为 Hartree-Fock 近似[7]。于是，通过绝热近似和 Hartree-Fock 近似，多电子的 Schrödinger 方程被近似简化为单电子有效势方程。

然而，Hartree-Fock 近似只考虑了电子间的交换作用，却没有考虑相对论效应和电子相关效应，其应用受到限制。在相对论效应和电子相关效应中，电子相关效应尤为重要。电子相关效应的缺少使得 Hartree-Fock 近似在处理电子激发、过渡态等计算时会出现较大的误差。为了解决这一问题，密度泛函理论应运而生。

3. Hohenberg-Kohn 定理

密度泛函理论的思想来源于 Thomas-Fermi 模型[8]。1927 年 Thomas 和 Fermi 提出了均匀电子气模型，即电子不受外力，彼此也没有相互作用，整个体系的动能以电子密度来表示。1930 年，Dirac[9] 在此模型基础上又加入了电子的交换相互作用近似，但该模型仍然过于简单，对于固体的性质描述没有太大的意义。

基于 Thomas-Fermi 模型中将电子密度和能量相联系这一思想，1964 年 Hohenberg 和 Kohn 提出非均匀电子气理论（Hohenberg-Kohn 定理[10]），整个理论可以总结为两个定理。

（1）外场是电荷密度的唯一函数，任何一个多电子体系的基态总能量都是基态电荷密度的唯一泛函，基态电荷密度唯一确定了体系的基态性质。

（2）对任何一个多电子体系，总能的电荷密度泛函的最小值为体系的基态能量，对应的电荷密度为该体系的基态电荷密度。

简单地说，定理（1）指出体系的基态能量仅是电子密度的泛函，而定理（2）证明了以基态密度为变量，将体系能量最小化后可得到基态能量。注意，Hohenberg-Kohn 定理提到基态总能量是基态电荷密度的唯一泛函，这也正是"密度泛函理论"这一名称的由来。

尽管 Hohenberg-Kohn 定理从理论上证实了用电子密度作为计算基态性质的可行性，却仍有三个问题没有解决。

（1）电子密度如何确定。

（2）动能的泛函如何确定。

（3）交换关联泛函如何确定。

可以看出，Hohenberg-Kohn 定理好比石油勘探员，负责探明某地是否存在石油资源，而勘明后的开采工作则需要其他的专业人员来实施。

4. Kohn-Sham 方程

Kohn-Sham 方程[11] 是 Kohn 和 Sham 于 1965 年提出的。该方程将多电子系统的基态问题转换为等效的单电子问题，用无相互作用电子系统的动能替换有相互作用粒子系统的动能，从而解决了 Hohenberg-Kohn 定理遗留下来三个问题的前两个，但第三个问题中交换关联能泛函的具体形式仍然没有确定。

5. LDA 与 GGA

局域密度近似（local density approximation，LDA）[12] 是获取交换关联能泛函具体形式的一种有效方法。LDA 的基本思想是利用均匀电子气密度来获得非均匀电子气的交换关联泛函。对于多数材料，LDA 在结构优化、弹性性质以及电子结构方面的计算都能给出较好的结果。但是，对于均匀电子气密度在空间变化较大的体系，LDA 就会出现较大的误差。

由于 LDA 自身的缺陷，后来又发展出了广义梯度近似（generalized gradient

approximation，GGA)[13]。GGA 不仅是电子密度的泛函，也是密度梯度的泛函。它充分考虑了电子密度的不均匀性，因此计算结果往往更加精确。由于密度梯度可以有不同的定义方式，于是出现了不同的 GGA 形式，常见的有 PBE[14] 和 PW91[15] 等。除此以外，后来还发展出一些含有经验参数的泛函，如 LDA＋U[16]、杂化泛函[17] 等。在实际计算中，应根据具体的需求选取合适的泛函。泛函的选取也是第一性原理计算中一个非常重要的问题，在下面的章节中将有更具体的讨论。

　　本节并没有对密度泛函理论的细节进行详细的讨论，更没有列出过多的公式，而只是将密度泛函理论的发展历程进行简单的回顾和总结。事实上，大多数科研人员并没有必要掌握关于第一性原理计算的所有细节。特别是对第一性原理计算的初学者来说，能够了解第一性原理计算的背景，熟悉有关第一性原理计算的各种概念，学习并掌握某一种或几种第一性原理计算软件，使用好第一性原理计算这一研究工具，这才是更为重要和实际的。如果读者希望更深入了解第一性原理计算背后的理论知识，建议阅读参考相关的专业书籍和文献。

2.3　第一性原理计算常用软件

　　第一性原理计算发展至今已经涌现出许多优秀的软件，它们反过来又推动了第一性原理计算的应用与发展。目前，比较流行的软件有 VASP[18,19]、CASTEP[20]、ABINIT[21]、PWSCF[22]、SIESTA[23]、Gaussian[24] 和 WIEN2k[25] 等。下面对这些软件进行简单的介绍。

1. VASP

　　VASP(Vienna ab-initio simulation package)软件采用的是密度泛函理论框架下的平面波赝势法。它采用平面波基矢，在 GGA、LDA 或自旋密度近似下通过自洽迭代的方法来求解 Kohn-Sham 方程。电子与原子核之间的相互作用通过赝势来描述，所包括的赝势有超软赝势(ultra soft pseudo-potential，USPP)和投影缀加波(projector augmented wave，PAW)等。VASP 软件提供了元素周期表中绝大部分元素的赝势，且这些赝势的精度和可移植性都比较高。

2. CASTEP

　　CASTEP(Cambridge sequential total energy package)也是一个基于平面波赝势法的密度泛函理论计算软件，其基本的功能与 VASP 非常类似。CASTEP 与 VASP 相比的一个显著优点是 CASTEP 的使用更加便利。说到 CASTEP 不得不提 Materials Studio 平台，它是一个材料计算模拟和建模的集成环境，包括多个计算模块，CASTEP 就是其中之一。使用 Materials Studio 平台可以非常方便地进行建模,模型建立后可以使用 CASTEP 等各种模块进行计算,计算结束后还可以用 Materials Studio 平台自带的后处理程序对计算结果进行处理。所有的过程都能在 Materials Studio 平台这个集成环境中完成,使得 CASTEP 的使用非常高效、方便。Materials Studio 平台的高度集成化使得 CASTEP 在模型建立、计算以及后期数据处理等各方面都比 VASP 要方便得多。当然,VASP 也有自己的优点,完全基于 Linux 平台的特点使得 VASP 在灵活性上更胜一筹。

3. WIEN2k

WIEN2k 程序包是用密度泛函理论进行固体电子结构计算的软件,基于全势(full-potential)线性缀加平面波(linearized augmented plane wave,LAPW)+局域轨道(local orbitals)方法。由于 WIEN2k 进行的是全电子计算,其精度比基于平面波的 VASP 和 CASTEP 更高,但计算的资源消耗也更大。

4. Gaussian

Gaussian 是量子化学计算中最流行的软件之一,它包含许多计算模型,如密度泛函理论模型等。Gaussian 软件的功能强大,主要包括过渡态搜索、键能、分子和原子轨道、振动频率、化学反应机理等。Gaussian 软件在分子、原子尺度的模拟上具有比 VASP、CASTEP 更高的精度,但这也限制它在多原子体系计算上的应用,因为使用 Gaussian 进行大量原子计算所消耗的资源非常大。

5. ABINIT

ABINIT 也是一款基于赝势和平面波的第一性原理计算软件,其适合研究的领域也和 VASP、CASTEP 等一样广泛。除了常见的一些功能,如计算能带结构、态密度等,ABINIT 还可以用含时密度泛函理论(time-dependent density functional theory,TDDFT)或 GW 近似计算激发态。相比于 VASP 和 CASTEP,ABINIT 一个较大的不足是它的赝势文件不完整,移植性也不如 VASP 和 CASTEP 的赝势。

6. PWSCF

PWSCF(plane-wave self-consistent field)密度泛函理论软件是意大利理论物理研究中心发布的 Quantum-ESPRESSO 计算软件包中的两大模块之一。Quantum-ESPRESSO 软件包主要包括 PWSCF 和 CPMD 模块,除此以外还有辅助性的图形界面模块可用于输入参数的设定和赝势的产生。

7. SIESTA

SIESTA(Spanish initiative for electronic simulations with thousands of atoms)是一种基于密度泛函理论的第一性原理计算软件包,主要用于分子动力学模拟和固体与分子的电子结构计算。与前面提到的平面波或者全电子计算软件不同,SIESTA 基于原子轨道的线性组合。其优点在于参数的灵活性非常大,可以调整参数实现不同的目的。例如,可以使用 SIESTA 进行快速的计算从而实现对一些问题的尝试性探索,也可以利用 SIESTA 达到和平面波甚至全电子计算类似的精度。另外,正如 SIESTA 名字中所说的,它可以模拟上千个原子的结构。基于原子轨道基组,SIESTA 使计算时间和内存随原子个数线性标度,从而可以模拟几百甚至上千个原子的体系,这是平面波和全电子计算软件难以企及的。

利用第一性原理软件进行计算后,下一步就需要读取并分析计算结果。在上述七种第一性原理软件中,CASTEP 的结果显示最为方便,因为它可以依靠 Materials Studio 平台直接产生图形结果。相比之下,大多数第一性原理软件需要依靠另外的软件对结果进行重新加工。例如,利用 VASP 计算得到的能带和态密度通常需要用 Origin 等绘图软件生成。为了方便用户使用第一性原理软件,有些研究者开发了专门用于处理计算结果的软件。VESTA 是当前处理 VASP、WIEN2k 等第一性原理计算结果非常流行的后处理软件,尤其是电荷密度的二维和三维展示。另外,VESTA 还可以对多种计算软件的结果进行格式转换。例如,VESTA 可以将 VASP 的计算结果转换为能被 Materials Studio 平台读取的格式。

上面介绍了七种常用的第一性原理计算软件,如果读者需要对它们进行深入了解,可以登录各软件的网站查看。值得一提的是,VASP、CASTEP、WIEN2k、Gaussian 需要付费购买使用的权限才能使用,而 ABINIT、PWSCF、SIESTA 目前都不需要付费。相对而言,付费软件的人机交互体验更好,使用起来更加便利,其中以 CASTEP 软件尤为突出。

2.4　第一性原理计算可靠性的保证

在进行任何第一性原理计算之前,首先要考虑如何保证计算的结果是可靠且可重复的、计算的过程是经济的。结果的可靠性指计算的过程以及计算的结果能够尽可能地与实验相匹配;可重复性指对同样的对象采用相同的计算方法和步骤能够得到相同的结果;而计算的经济性指计算的金钱成本和时间成本的最优性。其中,结果的可靠性尤为重要。下面从收敛性测试、布里渊区 k 点、交换关联泛函的选择和化学势计算四个方面来讨论如何保证第一性原理计算的可靠性。

2.4.1　收敛性测试

尽管第一性原理名义上应该是不带有任何经验性参数的、准确的、可重复的计算,但密度泛函理论说明,实现真正的“第一性”在目前仍然比较困难。于是,在实际的计算中就需要设置一些参数对结果进行控制,从而尽可能地保证"第一性"。为了使结果更准确可靠,计算成本能控制得更低,对那些影响结果的参数就需要进行调整,这便是所谓的收敛性测试。收敛性测试的根本目的就是要保证两个条件的满足:一是结果的可靠性,二是计算的经济性。收敛性测试力图在二者间找到平衡。

第一性原理计算中需要进行收敛性测试的参数比较多,常见的有截断能(cut-off energy)、布里渊区积分用的 k 点(k-point)等。收敛性测试的步骤很简单,首先改变被测试的参数,计算得到一系列对应的测试判据,然后根据判据的变化来判断被测试的参数应该取多大的值。下面,以截断能为例来进行说明。

选取 Ta_3N_5 半导体材料进行计算。Ta_3N_5 半导体材料的用途广泛,其较为典型的应用是在光催化分解水制氢气领域。首先计算体相 Ta_3N_5 晶胞的总能随截断能的变化,如图 2.2(a)所示,取 $300\sim600eV$ 共七个截断能值。由图可以看到,在 $300\sim450eV$,总能的变化非常明显;$450eV$ 以后,总能基本不再随截断能的变化而变化,即达到"收敛"的状态;这时,可以认为取 $450\sim600eV$ 中的任何一个截断能得到的结果几乎相同。然而,考虑到截断能越大计算的时间就越长,因此选择 $450eV$ 作为截断能是最优的。

利用总能作为收敛的判据是很多第一性原理计算的相关工作中都在用的,此外一个使用更多的收敛判据就是晶胞尺寸。在此,分别计算 Ta_3N_5 的晶胞体积、a 轴长度、b 轴长度以及 c 轴长度随截断能的变化,如图 2.2(b)～(e)所示,可见随着截断能的增加,晶胞的体积和各轴的长度最终趋于收敛。但是,与总能在 $450eV$ 收敛不同,当截断能在 $500eV$ 时晶胞体积和各轴的长度才收敛。

这种收敛上的差异引出一个问题:什么样的判据才是一个好的收敛判据?作者结合自己的了解和经验认为,最好的收敛判据应该是研究人员所关注的性质。例如,如果研究人员很关注 Ta_3N_5 的晶胞尺寸,那么就直接用晶胞尺寸作为判据来进行收敛性测试,在研究 Ta_3N_5 的晶胞尺寸时,$450eV$ 截断能就不够,而必须用 $500\ eV$ 或更高的值作为截断能;如果研究人员关注 Ta_3N_5 的带隙,那么就直接用带隙作为判据进行收敛性测试。图 2.2(f)是 Ta_3N_5 的带隙随截断能的变化趋势。由图可以看到,Ta_3N_5 的带隙在 $500eV$ 趋于收敛。所以,用某个单一判据来进行收敛性测试往往不可靠,因为在一种判据上得到的参数不一定能使另一个判据也收敛。

在实际计算中会发现,利用诸如带隙这样比较容易计算的性质作为判据会比较简单,而利用一些比较复杂、计算耗时的性质作为收敛判据就比较麻烦。例如,当研究人员关注 Ta_3N_5 的声子谱时,就不能简单地利用总能、晶胞尺寸或者带隙测试得到的截断能来计算声子谱,而需要利用声子谱单独进行收敛测试。然而,声子谱的计算非常耗时,如果像上面那样也取七个截断能进行测试,那么仅用于测试的

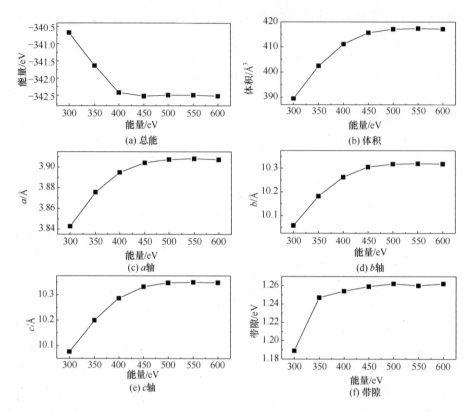

图 2.2　Ta₃N₅晶胞的总能、体积、三条轴以及带隙随截断能的变化

计算就非常耗时。尽管如此,收敛性测试还是非常必要的:首先,收敛性测试可以帮助发现计算中一些容易疏漏的细微问题,尤其是电子结构方面的问题,2.4.2 节将对此进行详细的讨论;其次,如果某个研究人员针对某个材料进行收敛性测试,花费了精力、耗费了计算时间,这样其他的研究人员今后对该材料进行计算研究时就可以参考这个测试结果,从而节省了时间。

总体来说,尽管测试的过程比较烦琐,但收敛性测试是很有必要的。应该认为,收敛性测试的存在是第一性原理计算发展过程的一条必经之路。如果第一性原理计算能够实现真正的"第一性",那么收敛性测试就不存在了。

2.4.2　布里渊区 k 点的选择

如 2.4.1 节所述,布里渊区 k 点也是影响计算结果可靠性的重要参数之一,所以,对于 k 点也需要进行严格的收敛性测试。与截断能的收敛性测试类似,对于 k 点的测试也是取一系列的 k 点进行相应的计算。然而,实际工作发现,k 点对于计算结果的影响更加微妙。本节不讨论具体的 k 点收敛性测试,而是讨论 k 点对于计算结果可靠性的微妙影响。

本节同样采用 Ta_3N_5 半导体进行计算。图 2.3(a) 和 (b) 分别是利用八个 ($4\times 2\times 2$) k 点计算得到的 5% 氧掺杂的 Ta_3N_5 的态密度和能带,而图 2.3(c) 和 (d) 则分别是利用 25 个 ($8\times 3\times 3$) k 点计算得到的 5% 氧掺杂的 Ta_3N_5 的态密度和能带。

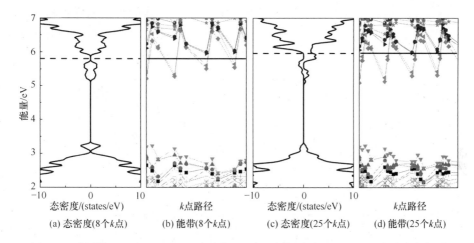

(a) 态密度(8个k点)　　(b) 能带(8个k点)　　(c) 态密度(25个k点)　　(d) 能带(25个k点)

图 2.3　分别使用 8 个和 25 个 k 点计算得到的 5% 氧掺杂的 Ta_3N_5 的态密度和能带

由图可以发现,k 点密度的增加引起的总能差异仅为 0.15eV,但电子结构的差异非常明显。从图 2.3(a) 中可以看到,在导带下方有一个独立的能带,费米能级穿越了导带底和该独立的能带的中间部分。然而,在图 2.3(c) 中这个独立的能带与导带底连为一体。此时,费米能级的位置与图 2.3(a) 中几乎一致,不同的是此时的费米能级与部分能带相交。图 2.3(a) 的结果可以解读为氧掺杂会在 Ta_3N_5 的禁带中引入一个杂质能级,而图 2.3(c) 的结果则可以解读为氧掺杂没有在 Ta_3N_5 的禁带中引入杂质能级,而是降低了 Ta_3N_5 的导带位置。可以看到,k 点密度的不同对能量的影响非常微小,但得出的结论却相差甚远。那么,为什么 k 点的变化对电子结构有这么大的影响? 进一步分析能带结构可以发现,图 2.3(d) 中 k 点的密度较大,从纵坐标的任何一个能量值作一水平直线,都有能带与该直线相交。但是,图 2.3(b) 中 k 点的密度较小,尽管整个能带的走势与图 2.3(d) 中的完全一致,但 k 点较少使得在某些能量范围处没有能带与水平直线相交,导致出现独立能带的情况。所以,尽管 k 点的密度对能量来说已经完全足够,但是对电子结构的计算仍然不够。

图 2.4(a) 和 2.4(b) 分别是没有包含和包含 $\Gamma(0,0,0)$ 和 $Y(0.5,0.5,0)$ 这两个倒空间点计算得到的纯净的 Ta_3N_5 晶胞的态密度。由图可以明显看到,这两个态密度最大的不同在于带隙的大小,不包含这两个倒空间点得到的带隙要大于包含了这两个点得到的带隙。由于 Ta_3N_5 是间接型半导体,价带顶(valence band maximum)和导带底(conduction band minimum)分别位于布里渊区的 $\Gamma(0,0,0)$ 点和 $Y(0.5,0.5,0)$ 点,所以图 2.4(b)得到的带隙是正确的。实际上,图 2.4(a)中计算态密度所使用的 k 点数目并不少(已经达到 16 个),但由于没有包含真正的价带顶和导带底所处的 k 点,也就无法反映真实的带隙。由此可见,k 点对第一性原理计算结果的影响也很大,并且这种影响不像前述截断能的影响那样容易察觉出来。k 点对于计算结果,尤其对电子结构的影响,需要进行细心的检查和对比才能发现。

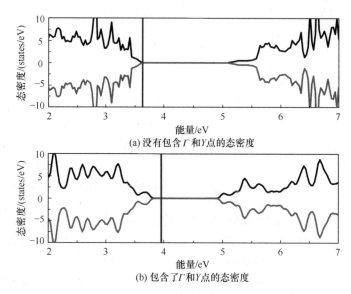

(a) 没有包含 Γ 和 Y 点的态密度

(b) 包含了 Γ 和 Y 点的态密度

图 2.4　包含和没有包含 $\Gamma(0,0,0)$ 和 $Y(0.5,0.5,0)$ 点计算得到的
纯净 Ta_3N_5 晶胞的态密度(垂直实线是费米能级)

2.4.3　交换关联泛函

交换关联泛函是影响第一性原理计算结果可靠性的另一个重要因素。前述的截断能和 k 点只要经过认真的测试,它们对计算结果可靠性的影响都是可以发现并解决的。而交换关联泛函对计算结果可靠性的影响不是简单的测试能够解决的,因为这涉及第一性原理计算的基础物理问题。

在 2.2 节提到,第一性原理计算是以密度泛函理论为基础实现的。对密度泛函理论来说,泛函的选择对结果有显著的影响。常用的也是大家熟知的泛函有 LDA 和 GGA,这两种泛函在描述晶体的结构、弹性性质、电子结构等方面都有不错的表现。但是,由于 LDA 和 GGA 以及密度泛函理论本身的一些缺陷,LDA 和 GGA 的计算结果还不是非常令人满意。最常见的例子就是半导体的带隙计算问题,LDA 和 GGA 计算的带隙总是小于实验值。例如,2.4.2 节中计算的 Ta_3N_5 的带隙只有约 1.3eV,远小于其实验值 2.1eV。另外,在计算含有缺陷的材料时,LDA 和 GGA 有时很难给出缺陷能级的准确位置,导致对计算结果的错误理解。当然,LDA 和 GGA 在描述材料的结构、弹性性质等性质时,得到的结果与实验值符合较好。利用 LDA 和 GGA 进行的计算大多数是在进行相互对比,如掺杂和未掺杂材料的性质变化、掺 A 元素和掺 B 元素的性质对比等,这种对比性的计算也可以暂时不考虑 LDA 和 GGA 的精度问题。另外,LDA 和 GGA 的计算成本较低,便于计算一些较大的体系,这也是它们能得到广泛应用的一个重要原因。

为了使计算的结果更加可靠,需要使用更为精确的交换关联泛函,如杂化泛函(hybrid functional)。简单而言,杂化泛函就是在一般的泛函中引入一部分比较精确的泛函而形成的新泛函。由于是将传统的不太精确的泛函和精确的泛函混合起来,故名为杂化泛函。常用的杂化泛函有 B3LYP[26,27] 和 HSE[17,28-31] (heyd scuseria ernzerhof)。以 HSE 为例,交换关联泛函可以表示为[32]

$$E_{\mathrm{XC}}^{\mathrm{HSE}} = \alpha E_{\mathrm{X}}^{\mathrm{HF,SR}}(\omega) + (1-\alpha) E_{\mathrm{X}}^{\mathrm{PBE,SR}}(\omega) + E_{\mathrm{X}}^{\mathrm{PBE,LR}}(\omega) + E_{\mathrm{C}}^{\mathrm{PBE}} \qquad (2\text{-}3)$$

式中,α 是混合参数(mixing parameter);ω 是屏蔽参数;$E_{\mathrm{X}}^{\mathrm{PBE,SR}}$ 和 $E_{\mathrm{X}}^{\mathrm{PBE,LR}}$ 分别是 PBE 泛函(GGA 的一种)的短程(short range,SR)和长程(long range,LR)交换泛函;$E_{\mathrm{X}}^{\mathrm{HF,SR}}$ 是 Hartree-Fock 泛函的短程部分;$E_{\mathrm{C}}^{\mathrm{PBE}}$ 是 PBE 泛函的相关部分。

当 $\omega=0$ 时,HSE 又称为 PBE0 泛函。当 $\omega\to\infty$ 时,HSE 就变为了普通的 PBE 泛函。当 ω 取有限值时,可以作为 PBE0 与 PBE 之间的插值。例如,当 ω 取 0.2Å^{-1},α 取 25% 时,被称为 HSE06。在目前的杂化泛函计算中,HSE06 被广泛使用,它在计算带隙和缺陷能级时能得到较为准确的结果。

利用杂化泛函,一些原本不正确的结果可以被修正,一些原本无法计算的性质可以很容易得到。图 2.5 是文献中计算的 TiO$_2$ 中氧空位的缺陷能级位置[33],左右两侧分别是利用 PBE 和 HSE 计算得到的结果。PBE 和 HSE 计算的主要区别如下。

(1) PBE 泛函计算的带隙只有 1.77eV,远小于 TiO$_2$ 的实验带隙(3.2eV);而 HSE 计算的带隙为 3.05eV,非常接近 TiO$_2$ 的实验值。

(2) 利用 PBE 和 HSE 计算的氧空位的三个价态能级位置在未结构优化时基本一致。

(3) 结构优化后,PBE 无法给出正确的带隙,使得三个缺陷能级都进入导带中;对于 HSE 泛函,结构优化后的三个缺陷能级中只有 +1 价和 +2 价氧空位的能级进入导带,而 0 价氧空位的能级还在禁带中。由于 HSE 将带隙修正到了实验值,所以 HSE 得到的缺陷能级更加真实可靠。

再举一个例子。图 2.6(a)和(b)分别是利用 PBE 计算的纯净的和含有一个氮空位的 Ta$_3$N$_5$(100)面的态密度。对于纯净的面,由于表面悬挂键的存在,在价带右方出现了一个独立的能级 $E1$。对于含有表面氮空位的 Ta$_3$N$_5$(100)面,在导

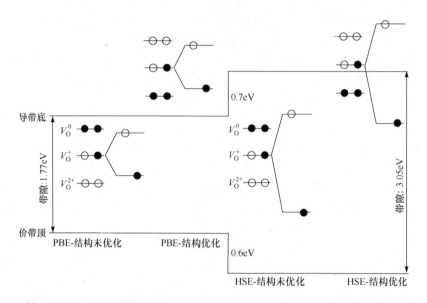

图 2.5　利用 PBE 和 HSE 计算得到的 TiO_2 中 0、+1 和 +2 价氧空位优化前后的能级位置[33]

带下方出现了能级 $E2$，但 $E2$ 能级不是很容易分辨，因为它与导带有部分重合。利用 PBE 计算的结果留下两个疑问：①在纯净表面上真的会出现表面能级 $E1$ 吗？②在含有氮空位的表面上出现的 $E2$ 能级到底是和导带分离的还是重合的？

　　提出上述两个疑问的根本原因是 PBE 得到的 Ta_3N_5(100)面的带隙还不足 1eV，远小于实验值 2.1eV。运用 HSE，重新计算纯净的（图 2.6(c)）和含有一个氮空位的（图 2.6(d)）的 Ta_3N_5(100)面的态密度。可以看到：①利用 HSE 泛函计算的 Ta_3N_5(100)的带隙为 2.2eV，非常接近实验值。在纯净的面上，确实存在一个位于价带上方的能级 $E3$。尽管 PBE 计算的带隙不如 HSE，但这个杂质能级相对于价带的位置在 PBE 和 HSE 的计算结果中是非常接近的（$E3$ 右侧的独立能级主要是 Ta_3N_5(100)面的底面的态密度，对结果分析没有任何影响，类似的能级在图 2.6(d)的相同位置也有）。②在含有氮空位的 Ta_3N_5(100)面上，在导带的下方出现了一个独立的能级 $E4$，说明氮空位确实会在导带底引入独立的能级，并且这个能级与导带是分离的。

　　由以上例子可以看到，在计算纯净表面时 HSE 的优势没有得到体现，而在计算氮空位时 HSE 相比于 PBE 的优势就非常明显。事实上，GGA 和 LDA 在描述缺陷态时一般都难以得到较为精确的结果，这是因为 GGA 和 LDA 总是趋向于将某个状态描述得更加非局域化，导致其在描述一些局域化的状态（如过渡族元素的 d 轨道）时不能给出正确的结果，而利用 HSE 就可以改善这种情况。本节讨论了 PBE 和 HSE 在第一性原理计算中的区别，从中可以看出，泛函对于结果的影响比截断能和 k 点还要大。

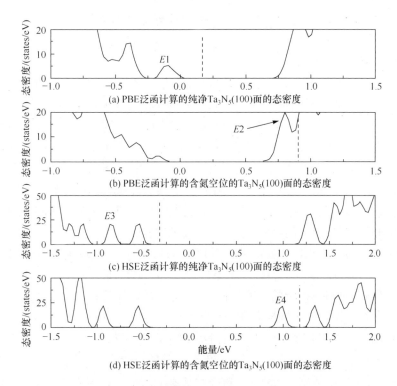

图 2.6　利用 PBE 和 HSE 泛函计算得到的纯净的以及含有氮空位的
Ta$_3$N$_5$(100)面的态密度(垂直虚线是费米能级)

2.4.4　化学势的计算:元素单掺

前面讨论了截断能、k 点以及交换关联泛函对计算结果可靠性的影响,截断能、k 点以及交换关联泛函都与第一性原理计算的实现或者理论基础密切相关,或者可以说,它们都与如何保持第一性原理计算的"第一性"有关。本节将要讨论的化学势却与"第一性"关系不大,但化学势更注重如何让计算更接近真实的实验情况。

化学势的概念在很多教科书都能找到。通俗地说,在两个系统 A 和 B 中,某种元素原子的化学势分别为 μ_A 和 μ_B,如果 μ_A 和 μ_B 不等,如 $\mu_A > \mu_B$,则该种元素原子就会自发地从 A 系统向 B 系统移动,从而降低整个系统的能量;如果 μ_A 和 μ_B 相等,则 A 系统与 B 系统处于平衡状态而不发生原子的移动。明显地,化学势和温度的概念非常相像,只不过温度是能量关于熵的微分,而化学势是自由能关于物质量的微分。

在第一性原理计算中,除了上面提到的关于电子结构的例子,如能带结构和态密度,常见的还有关于能量的计算。关于能量的物理量很多,有形成能、结合能、表面能、吸附能等。严格来说,所有有关能量的计算都必须将化学势考虑进去,只有考虑了化学势的能量计算才是可靠的。下面以形成能为例来说明化学势究竟是如何保证计算结果可靠性的。

钛酸锶(SrTiO$_3$)是一种半导体材料,它在光催化分解水领域受到广泛而深入的研究[34-36]。作为一个光催化材料,SrTiO$_3$ 的带隙较大(3.2eV),无法满足可见光响应的条件。使 SrTiO$_3$ 具备可见光吸收能力的一个可行途径就是元素掺杂。相关实验表明,在 SrTiO$_3$ 掺入元素 Cr 后能实现约 530nm(2.3eV)的可见光吸收[36]。这种可见光吸收的理论基础是在 SrTiO$_3$ 中用部分 Cr(+3 价)替换 Ti(+4价)的位置,从而在 SrTiO$_3$ 的禁带中引入一个杂质能级,而可见光的响应就是来自电子从该杂质能级向导带底的激发。元素掺杂的初衷是不改变被掺杂母体材料的结构,同时也不形成新的物质。于是,在真正的实验中应注意两个问题:一是 Cr 的掺杂量不能太多,如果太多就不再是简单的掺杂而会形成其他的相,如 CrO、Cr$_2$O$_3$ 等。二是要控制好材料的制备条件,如温度、时间等。由于不同物质的形成条件不一样,有时即便掺杂的浓度较低,也可能形成其他的物质。在实验中应注意的这些问题在模拟计算中同样要注意。

一般地,SrTiO$_3$ 中掺入 Cr 的掺杂形成能可以表示为

$$E^f_{Cr_{Ti}} = E^t_{Cr_{Ti}} - E^t_{SrTiO_3} - E_{Cr} + E_{Ti} \tag{2-4}$$

式中,$E^t_{Cr_{Ti}}$ 和 $E^t_{SrTiO_3}$ 分别是掺杂 Cr 和没有掺杂 Cr 的 SrTiO$_3$ 的总能;E_{Cr} 和 E_{Ti} 分别是 Cr 原子和 Ti 原子在各自单质中的单个原子的能量。以 E_{Cr} 为例,先建立单质 Cr 的晶胞,然后优化并计算出总能,再用总能除以晶胞内的原子总数就可以得到 E_{Cr}。在原理上,式(2-4)是正确的,但它没有考虑到在实验中可能会形成新物质的事实。所以,必须要对其进行改进,改进后的形成能公式为

$$E^f_{Cr_{Ti}} = E^t_{Cr_{Ti}} - E^t_{SrTiO_3} - \mu_{Cr} + \mu_{Ti} \tag{2-5}$$

可以看到,式(2-5)与式(2-4)最大的不同在于最后两项用 Cr 和 Ti 的化学势 μ_{Cr} 和 μ_{Ti} 来表示。那么,如何利用 μ_{Cr} 和 μ_{Ti} 来保证 Cr 只是替换掉 Ti 的位置而不会在掺杂中形成新的物质呢?下面进行详细说明。

首先,在热力学平衡的条件下,纯净的 SrTiO$_3$ 应该满足下面的条件:

$$\mu_{Ti} + \mu_{Sr} + 3\mu_O = \mu_{SrTiO_3} \tag{2-6}$$

式中,μ_O、μ_{Ti} 和 μ_{Sr} 分别是 O、Ti 和 Sr 的化学势;μ_{SrTiO_3} 是单个 SrTiO$_3$ 晶胞的化学势。在平衡条件下,E_{SrTiO_3} 就是单个 SrTiO$_3$ 晶胞总的自由能,可以表示为

$$E_{SrTiO_3} = E_{Ti} + E_{Sr} + 3E_O + E^f_{SrTiO_3} \tag{2-7}$$

式中,$E^f_{SrTiO_3}$ 是纯净的 SrTiO$_3$ 的形成能。于是,当 $\mu_{SrTiO_3} = E_{SrTiO_3}$ 时,有

$$\mu_{Ti} + \mu_{Sr} + 3\mu_O = E_{Ti} + E_{Sr} + 3E_O + E^f_{SrTiO_3} \tag{2-8}$$

令 $\Delta\mu_O = \mu_O - E_O$(Ti 和 Sr 类似),则式(2-8)可变化为

$$\Delta\mu_{Ti} + \Delta\mu_{Sr} + 3\Delta\mu_O = E^f_{SrTiO_3} \tag{2-9}$$

在有些文献中出现的类似于式(2-9)的公式就是按照上述过程得来的,只是在大多数文献中没有推导的过程,并且将 Δ 符号省略。所以,文献中即便没有加上 Δ 符号,式中的化学势也是一个相对值。

其次,式(2-9)仅是 $SrTiO_3$ 中 O、Ti 和 Sr 三种元素需要满足的条件之一。除此以外,O、Ti 和 Sr 在一起也可能形成其他物质,如 TiO_2 和 SrO 的混合物。所以,O、Ti 和 Sr 还必须满足其他的条件。例如,它们不能生成 SrO、SrO_2、TiO、TiO_2、Ti_2O_3 等,即 $\Delta\mu_O$、$\Delta\mu_{Ti}$ 和 $\Delta\mu_{Sr}$ 需要满足

$$\Delta\mu_{Sr} + \Delta\mu_O < E^f_{SrO} \tag{2-10}$$

$$\Delta\mu_{Sr} + 2\Delta\mu_O < E^f_{SrO_2} \tag{2-11}$$

$$\Delta\mu_{Ti} + \Delta\mu_O < E^f_{TiO} \tag{2-12}$$

$$\Delta\mu_{Ti} + \Delta\mu_{O_2} < E^f_{TiO_2} \tag{2-13}$$

$$2\Delta\mu_{Ti} + 3\Delta\mu_O < E^f_{Ti_2O_3} \tag{2-14}$$

$$\Delta\mu_O < 0, \Delta\mu_{Ti} < 0, \Delta\mu_{Sr} < 0 \tag{2-15}$$

式中,$E^f_i(i = SrO, SrO_2, TiO, TiO_2, Ti_2O_3)$ 是物质 i 的形成能。条件式(2-15)表示 O、Ti 和 Sr 不能形成各种的单质,如氧气、单质金属 Ti 和单质 Sr。将上述所有条件在图 2.7 中表示出来。由图可以看到,为了同时满足上述所有的条件,$\Delta\mu_{Ti}$ 和 $\Delta\mu_{Sr}$ 最后只能在阴影部分所示的区域里取值($\Delta\mu_O$ 可以利用式(2-9)计算得到)。也就是说,只有在该阴影部分取的值,才能反映 $SrTiO_3$ 真正的制备环境。理论上可以在阴影里随意取值,但为了描述上的方便,一般取有代表性的点。例如,在图 2.7 中取两个点 a 和 b,分别对应 $\Delta\mu_{Ti} - \Delta\mu_{Sr}$ 和 $\Delta\mu_{Sr} - \Delta\mu_{Ti}$ 取最小值,即贫 Ti 和贫 Sr 的两个点。$\Delta\mu_O$、$\Delta\mu_{Ti}$ 和 $\Delta\mu_{Sr}$ 在 a 点和 b 点的值分别为(-0.21eV,-9.79eV,-5.28eV)和(-3.79eV,-1.52eV,-2.82eV)。

接着,便要考虑 Cr 掺杂需要满足的情况了。同上述讨论,对于 $\Delta\mu_{Cr}$ 需要避免一些可能的新物质的出现,如单质 Cr、CrO、CrO_2 和 Cr_2O_3 等,即

$$\Delta\mu_{Cr} < 0 \tag{2-16}$$

$$\Delta\mu_{Cr} + \Delta\mu_O < E^f_{CrO} \tag{2-17}$$

$$\Delta\mu_{Cr} + 2\Delta\mu_O < E^f_{CrO_2} \tag{2-18}$$

$$2\Delta\mu_{Cr} + 3\Delta\mu_O < E^f_{Cr_2O_3} \tag{2-19}$$

需要同时满足。得到 $\Delta\mu_{Ti}$ 和 $\Delta\mu_{Sr}$ 在不同制备环境中的化学势后,利用式(2-9)就可以得到 $\Delta\mu_O$,进一步很容易得到 Cr 在不同制备环境中的化学势。例如,在贫 Ti 的条件下,将 $\Delta\mu_O = -0.21eV$ 代入上述四个不等式中,可以得到关于 $\Delta\mu_{Cr}$ 的取值范围。图 2.8 将 $\Delta\mu_{Cr}$ 的取值范围用常见的横坐标方式清楚地表达出来。可以看到,

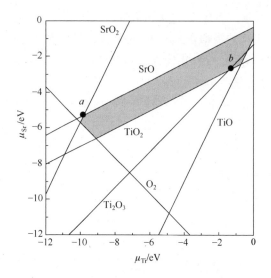

图 2.7　SrTiO₃ 中由 Sr 和 Ti 允许的化学势范围(阴影部分)

能够同时满足上述所有不等式条件的 $\Delta\mu_{Cr}$ 的范围是$(-\infty, -5.86eV)$。那么,在这个范围内应该取哪个值呢?

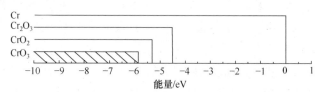

图 2.8　Cr 掺杂 SrTiO₃ 中 Cr 的允许化学势范围(阴影部分)

　　如果 $\Delta\mu_{Cr}$ 取一个非常小的值,如$-\infty$,那么不等式(2-16)~式(2-19)非常容易满足,但$-\infty$的化学势意味着 Cr 的浓度非常低,几乎可以忽略不计。这样的掺杂是没有意义的,因为浓度为 0 的掺杂几乎没有效果。如果 $\Delta\mu_{Cr}$ 取一个非常大的值,如$+\infty$,那么此时 Cr 的掺杂浓度很高,不等式(2-16)~式(2-19)就无法完全满足,这样的掺杂就会产生其他物质,这也与掺杂的初衷相悖。通过分析可以看到,掺杂应该满足两个基本条件:一是掺杂要起到效果,那么掺杂的浓度不能太低;二是掺杂后不能生成其他物质。所以,在允许的化学势范围里,掺杂元素的化学势应该使掺杂的浓度最大,这是选择掺杂元素化学势的基本准则,在下面讨论元素共掺的化学势时也要用到。

　　对 Cr 在 SrTiO₃ 中的掺杂来说,使得 Cr 的掺杂浓度最大的 $\Delta\mu_{Cr}$ 就是使得式(2-5)计算得到的掺杂形成能最小的 $\Delta\mu_{Cr}$。在图 2.8 的 $\Delta\mu_{Cr}$ 允许化学势范围$(-\infty, -5.86eV)$中,能够使 Cr 掺杂形成能最小的 $\Delta\mu_{Cr}$ 值就是$-5.86eV$。可以看

到,对元素单掺来说计算掺杂元素的化学势是很简单的,结果往往一目了然。

最后,有了 Ti 和 Cr 在不同制备环境下的化学势,便可以计算在贫 Ti 和贫 Sr 环境下 Cr 在 $SrTiO_3$ 中的形成能。用化学势得到的形成能与真实的制备环境更加接近,且通过计算不同环境下的形成能可以比较某种掺杂在哪个条件下更容易或不容易进行,这不仅能对实验结果进行解释,还可以指导实验。

2.4.5　化学势的计算:元素共掺

在 2.4.4 节讨论了单个元素掺杂时如何通过计算化学势来保证计算结果的可靠性。本节以 Ta_3N_5 中 Na 和 O 两种元素共掺为例讨论较复杂的情况——两种元素共掺时如何计算化学势。

从 2.4.4 节可以看到,元素单掺时确定掺杂元素的化学势主要有两个步骤:一是确定纯的母体材料中各个元素的化学势;二是根据母体材料中元素的化学势算出掺杂元素的化学势。在元素共掺时仍然遵循这两个步骤。

首先,纯的 Ta_3N_5 应满足下面的条件:

$$3\Delta\mu_{Ta}+5\Delta\mu_N=E^f_{Ta_3N_5} \tag{2-20}$$

不同于三元化合物 $SrTiO_3$,Ta_3N_5 由 Ta 和 N 两种元素组成,这使得 $\Delta\mu_{Ta}$ 和 $\Delta\mu_N$ 比较容易确定。在贫 N 的制备条件下,$\Delta\mu_{Ta}=0$,$\Delta\mu_N=E^f_{Ta_3N_5}/5$;在富 N 的制备条件下,$\Delta\mu_{Ta}=E^f_{Ta_3N_5}/3$,$\Delta\mu_N=0$。

其次,在 Ta_3N_5 中同时掺入 Na 和 O 元素可能出现的新的物质比单掺的要多。对单掺 O 来说,可能会出现 Ta_2O_5($2\Delta\mu_{Ta}+5\Delta\mu_O<E^f_{Ta_2O_5}$)、$TaON$($\Delta\mu_{Ta}+\Delta\mu_O+\Delta\mu_N<E^f_{TaON}$)等;对单掺 Na 来说,可能会出现 Na_3N($3\Delta\mu_{Na}+\Delta\mu_N<E^f_{Na_3N}$)、$NaTaN_2$($\Delta\mu_{Na}+\Delta\mu_{Ta}+2\Delta\mu_N<E^f_{NaTaN_2}$)等;对 Na 和 O 共掺来说,则可能出现的新物质更多,如 Na_2O($2\Delta\mu_{Na}+\Delta\mu_O<E^f_{Na_2O}$)、$NaNO_3$($\Delta\mu_{Na}+\Delta\mu_N+3\Delta\mu_O<E^f_{NaNO_3}$)、$NaTaO_3$($\Delta\mu_{Na}+\Delta\mu_{Ta}+3\Delta\mu_O<E^f_{NaTaO_3}$)等。由于有 $\Delta\mu_O$ 和 $\Delta\mu_{Na}$ 两个化学势需要确定,因此将 $\Delta\mu_O$ 和 $\Delta\mu_{Na}$ 分别作为纵坐标和横坐标进行作图。

图 2.9(a)和(b)分别是在贫 N 和贫 Ta 的条件下得到的 $\Delta\mu_O$ 和 $\Delta\mu_{Na}$ 的化学势范围,能够同时满足上述所有不等式条件的范围用阴影部分表示。此时,$\Delta\mu_O$ 和 $\Delta\mu_{Na}$ 的取值仍应满足在 2.4.4 节讨论 Cr 掺杂 $SrTiO_3$ 时提到的条件:在允许的化学势范围里,掺杂元素的化学势应该使掺杂的浓度最大。对于 Na-O 共掺来说,就是使 Na-O 共掺的形成能(O 替换 N,而 Na 间隙掺杂)

$$E^f_{Na\text{-}O}=E^t_{Na\text{-}O}-E^t_{Ta_3N_5}-\Delta\mu_O+\Delta\mu_N-\Delta\mu_{Na} \tag{2-21}$$

取到最小值。通过计算,最终找到在图 2.9(a)和(b)中可以使形成能最小的点(图中的圆点),而各个点对应的横坐标和纵坐标即为 Na 和 O 的化学势。

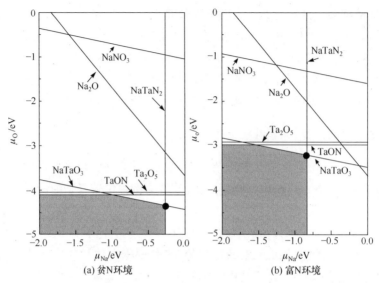

图 2.9　Na-O 共掺 Ta$_3$N$_5$ 中的 Na 和 O 在贫 N 和富 N 环境下的化学势范围(阴影部分)

2.5　第一性原理计算的一般步骤

在 2.4 节中对如何尽可能保证第一性原理计算结果的可靠性做了探讨,本节将对第一性原理计算的一般步骤进行介绍。简单地说,第一性原理计算的一般步骤可以用"三步走"来概括,分别是结构优化、自洽计算和性质计算。也可以把这三步看成一个阶梯,从阶梯拾级而上分别是结构优化、自洽计算和性质计算这三级台阶,如图 2.10 所示。由于上阶梯需要从低阶梯向高阶梯爬,下一步计算的条件需要用到上一步计算的结果,因此第一性原理计算的这三步也需要按顺序来执行,即先结构优化,然后进行自洽计算,最后进行性质计算。

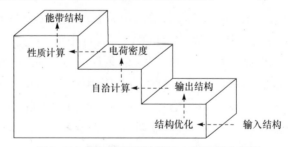

图 2.10　第一性原理计算的一般步骤示意图

1. 结构优化

结构优化是按照一定的算法,基于合适的判据,对材料的结构参数进行改变的一种计算。从图 2.10 可以看到,结构优化需要的输入文件是材料的结构文件。一般来说,获取材料的结构文件有两个途径。

(1) 研究人员使用建模软件自行建立所要研究材料的结构模型。2.3 节提到的 Materials Studio 平台就是一款优秀的建模软件。自行建模需要所研究材料的各种参数,如对称性、晶胞的尺寸、晶胞中原子的种类和各个原子在晶胞中的位置等。

(2) 利用已有的一些数据库直接得到研究材料的结构文件。常见的数据库有无机晶体结构数据库(inorganic crystal structure database,ICSD)、剑桥晶体数据中心(Cambridge crystallographic data centre,CCDC)等。利用结构数据库,可以把需要材料的结构文件导出,再输入第一性原理软件,就可以进行计算。

比较两种获取材料结构的方法可以发现:第一种方法的优点是灵活、可控性强,而缺点是建模过程烦琐耗时,且容易因为操作疏忽而出错;第二种方法的优缺点恰恰和第一种的相反,建模方便快捷,可靠性高,但如果遇到数据库中没有收录的材料,就无法得到结构文件了。在实际建模时,应将两种方法结合起来灵活运用,从而提高建模的效率。

结构优化的输入文件是晶体结构文件,输出的文件也是结构文件,只是此时的结构已经过优化。一般来说,优化后的结构与优化前的结构会有结构参数上的差异。上文提到结构文件可以从数据库导出,这些结构文件就是该材料的实验结果,为什么还要输入到软件中再去改变它的结构呢?

注意到,一种材料的实验结构参数都有其测量的环境。如果测量的环境改变,那么测量的结果可能也会改变。人们熟知的沸点就是一个典型例子,水的沸点在长江中下游平原和青藏高原这两个地方就完全不同。对于材料的结构参数,在真实环境中测得的实验参数受到各种因素的影响,如环境的温度、气压等,而在计算软件这样的环境中,这些参数一般就不存在了。为了得到在计算软件这种“环境”下材料的结构参数,就要对该材料的结构进行改变,使其适应新的环境,这就是进行结构优化的目的。

结构优化就像一个机器“调零”的过程。例如,在用天平称量样品时,总会把天平先调零再称量。这样做即便称量的质量并不非常精确,但对同一批称量的样品进行相对比较却是合理的。对于第一性原理计算,如果要比较两种结构的性质,如弹性模量,那么就必须先把两种结构分别“调零”,让两种结构都在软件这种环境中找到基态,然后才能计算弹性模量。这样进行的比较才是有意义的。

那么,怎样判断一种结构找到了其在新环境中的基态呢? 在真实实验条件下,材料能够真正被生产或者制备出来,就说明该材料已经适应了当前环境。这也说明在当前环境下,与该材料稳定性密切相关的能量、内部受力等判据是被满足的。而在计算软件这种环境中,一般通过设置一些能量或者受力的条件来判断结构是否达到基态,例如,对于 VASP 软件可以用 EDIFFG 参数进行设置。这些参数的设置在具体软件中都有详细的介绍,这里不再赘述。另外,需要注意的是,由于计算软件的不同,尤其是计算使用的交换关联泛函等关键参数的不同,优化后的结构一般也是不同的。

2. 自洽计算

结构优化后就得到了某种材料在计算软件这种虚拟环境中的稳定结构。只有保证结构是充分优化过的,才能继续下面的研究。所以,结构优化后的结构文件就成了进行自洽计算和性质计算的输入文件。一般来说,人们研究一种材料总是希望能尽可能多地了解材料的各种性质。例如,对半导体材料来说,半导体的带隙大小、价带和导带的结构等都是研究人员最关心的一些性质。对某种材料进行结构优化后,就需要对各种性质进行计算。

仍然以半导体材料为例。在一般的第一性原理计算中,要得到某种半导体材料的能带结构,除了要用到优化后的结构文件,还需要将半导体材料的电荷分布或者波函数作为输入文件,而电荷分布或者波函数文件就是利用自洽计算来得到的。自洽计算是第一性原理计算最基本的一种计算。

在 2.2 节曾提到,第一性原理计算的本质就是求解 Schrödinger 方程。然而,Schrödinger 方程无法获得解析解,只能采用自洽的方式来求解。自洽解方程就是给定一个初始的波函数并代入方程中,经过运算得到新的波函数。如果前一个波函数和新的波函数之间满足某个判据,则说明 Schrödinger 方程得解。这种计算称为自洽计算。自洽计算可以得到整个结构的波函数以及对应的电荷分布,为下面进行的性质计算提供输入文件。

值得一提的是,自洽计算得到的体系总能量是非常重要的,各种热力学有关的能量计算,如形成能、表面能、吸附能等,只能使用自洽计算得到的能量。

3. 性质计算

自洽计算后,就可以将波函数或电荷分布作为输入文件进行能带结构、态密度等性质的计算。本书将这一步称为性质计算,以突出这一步的计算内容。通常这一步又可以称为非自洽计算。

前面的自洽计算已经得到了体系的波函数,由于波函数包含了体系所有的信息,则这个体系所有的性质都已经知道。因此,计算材料的各种性质实际上就是从已经得到的波函数或电荷分布中"提取"需要的信息,这也正是性质计算需要用自洽计算得到的波函数或者电荷分布作为输入文件的原因。

结构优化、自洽计算以及性质计算与照相比较类似:结构优化好比很多人在合影时,先依据身高胖瘦等来优化每个人所站的位置;自洽计算就是在每个人的位置站定后来一张合影,这张照片等同于波函数或电荷密度文件;性质计算好比是利用合影来提取照片上所需的信息,例如,照片里面男女各多少人,戴眼镜和不戴眼镜的各多少人等。这个类比有助于读者理解第一性原理计算的三个步骤。

2.6　高性能计算和操作系统

提到第一性原理计算,还需要介绍高性能计算(high performance computing,HPC),它与第一性原理计算有着紧密的关系。相比于前面讨论的量子力学的理论,高性能计算才是每个第一性原理计算使用者最频繁接触的。当前,利用第一性原理计算进行研究的领域越来越多,各个领域研究的对象也越来越复杂。例如,半导体计算常常要进行元素的掺杂计算,为了模拟较小的掺杂浓度需要建立较大的超晶胞,而超晶胞常常包含数十个甚至上百个原子,大量的原子所需的计算资源非常大,凭借普通的计算机很难完成计算任务,需要借助高性能计算的强大能力。

1. 并行计算

高性能计算的“高”包括的对象不仅是性能强大的处理器,其实计算使用的处理器数量以及如何将多个处理器有效地协同起来才是高性能计算的关键。目前的高性能计算一般都采用多个处理器,多处理器共同完成一个任务也就是人们常说的并行计算(parallel computing)。与并行计算对应的是串行计算。并行计算的优势非常明显,它可以用较少的时间完成串行计算需要较长时间才能完成的任务,从而大大提高工作效率。图 2.11 显示了并行计算的网络结构。一般来说,并行计算需要一个控制节点和若干个计算节点。用户需要计算时一般先将计算任务提交到控制节点,由控制节点将计算任务分配到计算节点上进行并行计算。计算节点完成计算任务后将计算结果返回控制节点,再由控制节点反馈给用户。

目前除了专业的计算机厂商如 IBM、DELL 等能够提供专门的并行计算设备和服务外,个人也可以购买多台计算机自行搭建计算集群。尽管并行计算的原理和实现比较简单,但真正构建一个高效率的并行计算网络并不容易。影响并行计算效率的因素很多,比较重要的有并行计算的算法和计算节点之间的通信。并行计算的效率是由运行效率最低的因素决定的,这非常像“木桶效应”,即木桶的装水量是由最短的木板决定的。专业厂商的计算机和个人搭建的集群的不同也就体现在木板长度的控制水平上。专业的计算机厂商能够将影响并行计算效率的各个因素全面考虑,各因素的效率非常均衡,没有什么短板。而个人搭建集群往往很难做到全面考虑。例如,购买的计算机处理器性能非常好,但计算机之间的通信依靠的是普通网卡,效率较低,使得通信成为提高并行效率的瓶颈。

另外,不管是专业厂商生产的高性能计算机还是个人搭建的集群,在实际计算前最好进行性能测试。人们往往存在这样一个误区,同一个任务使用越多的处理器进行并行计算,花费的时间越少,但实际上并非如此。我们采用 IBM 的高性能计算机进行测试,对半导体 Si 进行一个简单的自洽计算,分别采用 1、8、16、32、64和 128 个核进行计算,完成计算任务的实际使用时间与核数目的关系如图 2.12 所示。由图可以明显地看到,随着核数目的增加,计算的时间先下降再增加,说明并行计算时并不是节点越多越好,这正是因为并行计算效率受到多种因素的影响。所以,在实际计算前进行性能测试是非常必要的。

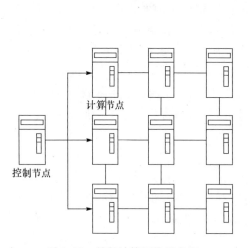

图 2.11　并行计算网络示意图

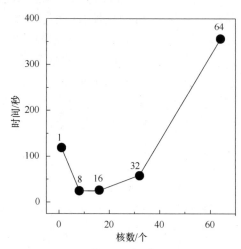

图 2.12　Si 自洽计算所需时间与核数的关系

2. 操作系统

第一性原理计算与高性能计算密切相关,而高性能计算又与操作系统密切相关。在图 2.11 所示的并行计算的网络体系中,不管是控制节点还是计算节点,它们都需要一个操作系统对节点进行控制。目前广泛使用的第一性原理计算软件主要使用 Windows 和 Linux(Unix)这两种操作系统。

Windows 平台上比较常见同时也比较著名的是 Castep 软件,它是集成环境 Materials Studio 平台的一个计算模块。该软件的使用非常方便,深受广大研究人员的喜爱。事实上,Castep 以及 Materials Studio 平台中的其他模块也有 Linux 的版本。

Linux 平台的第一性原理软件要比 Window 平台的多,这主要是因为 Linux 系统本身是免费的,而 Linux 系统具有更为出色的稳定性,这对大型计算是非常重要的。Linux 系统的开源特征使得该平台下的软件也多是开源的,如 VASP、ABINIT、SIESTA 等,这些计算软件功能强大,运行效率普遍高于 Windows 平台下的软件。当然,Linux 平台的不足也非常明显,大多数 Linux 平台下的第一性原理软件都依靠命令来执行,对初学者来说比较困难。只有对 Linux 系统较为熟练后,才能更方便、更高效地使用。

参 考 文 献

[1] Jiang C, Lin Z J, Zhao Y S. Thermodynamic and mechanical stabilities of tantalum nitride[J]. Physical Review Letters, 2009, 103(18): 185501-1-185501-4.

[2] Teter D M, Hemley R J. Low-compressibility carbon nitrides[J]. Science, 1996, 271(5245): 53-55.

[3] David S S, Janice A S. Density Functional Theory: A Practical Introduction[M]. Hoboken: John Wiley & Sons, Inc., 2009.

[4] Koch W, Holthausen M C. A chemist's Guide to Density Functional Theory[M]. 2nd Edition. Hoboken: John Wiley & Sons, Inc., 2001.

[5] 张跃,谷景华,尚家香,等. 计算材料学基础[M]. 北京:北京航空航天大学出版社,2007.

[6] Born M, Oppenheimer J R. On the quantum theory of molecules[J]. Annalen der Physik, 1927, 84(20): 457-484.

[7] Fock V. Näherungsmethode zur Losung des quanten-mechanischen Mehrkörperprobleme[J]. Zeitschrift für Physik, 1930, 61(1): 126-148.

[8] Thomas L H. The calculation of atomic fields[J]. Mathematical Proceedings of the Cambridge Philosophical Society, 2008, 23(5): 542-548.

[9] Dirac P A M. Note on exchange phenomena in the Thomas-Fermi atom[J]. Mathematical Proceedings of the Cambridge Philosophical Society, 1930, 26(3): 376-385.

[10] Hohenberg R, Kohn W. Inhomogeneous electron gas[J]. Physical Review, 1964, 136(3): B864-B871.

[11] Kohn W, Sham L J. Self-consistent equations including exchange and correlation effects[J]. Physical Review, 1965, 140(4): A1133-A1138.

[12] Perdew J P, Zunger A. Self-interaction correction to density-functional approximations for many-electron systems[J]. Physical Review B, 1981, 23(10): 5048-5079.

[13] Perdew J P, Chevary J A, Vosko S H, et al. Atoms, molecules, solids, and surfaces: applications of the generalized gradient approximation for exchange and correlation[J]. Physical Review B, 1992, 46 (11): 6671-6687.

[14] Perdew J P, Bruke K, Ernzerhof M. Generalized gradient approximation made simple[J]. Physical Review Letters, 1996, 77(18): 3865-3868.

[15] Perdew J P, Wang Y. Accurate and simple analytic representation of the electron-gas correlation energy[J]. Physical Review B, 1992, 45(23): 13244-13249.

[16] Imada M, Fujimori A, Tokura Y. Metal-insulator transitions[J]. Reviews of Modern Physics, 1998, 70(4): 1039-1063.

[17] Heyd J, Scuseria G E, Ernzerhof M. Hybrid functionals based on a screened Coulomb potential[J]. Journal of Chemical Physics, 2003, 118: 8207-8215.

[18] Kresse G, Furthmuller J. Efficiency of ab-initio total energy calculations for metals and semiconductors using a plane-wave basis set[J]. Computational Materials Science, 1996, 6(1): 15-50.

[19] Kresse G, Hafner J. Ab initio molecular dynamics for liquid metals[J]. Physical Review B, 1993, 47(1): 558-561.

[20] Segall M D, Philip J D, Lindan M J, et al. First-principles simulation: Ideas, illustrations and the CASTEP code[J]. Journal of Physics: Condensed Matter, 2002, 14(11): 2717-2744.

[21] Gonze X, Amadon B, Anglade P M, et al. ABINIT: First-principles approach to material and nanosystem properties[J]. Computer Physics Communications, 2009, 180(12): 2582-2615.

[22] Giannozzi P, Baroni S, Bonini N, et al. Quantum espresso: A modular and open-source software project for quantum simulations of materials[J]. Journal of Physics: Condensed Matter, 2009, 21(39): 395502-395520.

[23] Soler J M, Artacho E, Gale J D, et al. The SIESTA method for ab initio order-N materials simulation[J]. Journal of Physics: Condensed Matter, 2002, 14(11): 2745-2779.

[24] Frisch M J, Trucks G W, Schlegel H B, et al. Gaussian 09[CP]. Wallingford: Gaussian Inc., 2004.

[25] Blaha P, Schwarz K, Madsen G, et al. WIEN2k, an augmented plane wave + local orbitals program for calculating crystal properties[CP]. Wien: Technische Universität Wien, 2001.

[26] Becke D. Density-functional exchange-energy approximation with correct asymptotic behavior[J]. Physical Review A, 1988, 38(6): 3098-3100.

[27] Lee C, Yang W T, Parr R G. Development of the colle-salvetti correlation-energy formula into a functional of the electron density[J]. Physical Review B, 1988, 37(2): 785-789.

[28] Heyd J, Scuseria G E. Assessment and validation of a screened Coulomb hybrid density functional[J]. Journal of Chemical Physics, 2004, 120(16): 7274-7280.

[29] Heyd J, Scuseria G E. Efficient hybrid density functional calculations in solids: Assessment of the Heyd-Scuseria-Ernzerhof screened Coulomb hybrid functional[J]. Journal of Chemical Physics, 2004, 121(3): 1187-1192.

[30] Heyd J, Peralta J E, Scuseria G E, et al. Energy band gaps and lattice parameters evaluated with the Heyd-Scuseria-Ernzerhof screened hybrid functional[J]. Journal of Chemical Physics, 2005, 123(17): 174101-1-174101-7.

[31] Peralta J E, Heyd J, Scuseria G E, et al. Spin-orbit splittings and energy band gaps calculated with the Heyd-Scuseria-Ernzerhof screened hybrid functional[J]. Physical Review B, 2006, 74(7): 073101-1-073101-4.

[32] Aliaksandr V K, Oleg A V, Artur F I, et al. Influence of the exchange screening parameter on the performance of screened hybrid functionals[J]. Journal of Chemical Physics, 2006, 125(22): 224106-1-224106-5.

[33] Janotti A, Varley J B, Rinke P, et al. Hybrid functional studies of the oxygen vacancy in TiO_2[J]. Physical Review B, 2010, 81(8): 085212-1-085212-7.

[34] Yu H, Ouyang S X, Yan S C, et al. Sol-gel hydrothermal synthesis of visible-light-driven Cr-doped SrTiO$_3$ for efficient hydrogen production[J]. Journal of Materials Chemistry, 2011, 21(30):11347-11351.

[35] Yu H, Yan S C, Li Z S, et al. Efficient visible-light-driven photocatalytic H$_2$ production over Cr/N-codoped SrTiO$_3$[J], International Journal of Hydrogen Energy, 2012, 37 (17): 12120-12127.

[36] Reunchan P, Umezawa N, Ouyang S X, et al. Mechanism of photocatalytic activities in Cr-doped SrTiO$_3$ under visible-light irradiation: An insight from hybrid density-functional calculations[J]. Physical Chemistry Chemical Physics. , 2012, 14(6):1876-1880.

第 3 章　Heusler 合金的晶体结构建模

从本章开始,将采用第一性原理计算的方法进行 Heusler 合金的研究,包括晶体结构建模、晶格常数的优化、四方变形计算、结构优化、电子结构的计算、弹性常数和体积模量的计算、声子谱线的计算和基于遗传算法的晶体结构预测,以及 Heusler 合金 $Pd_2MGa(M=Cr,Mn,Fe)$ 的第一性原理计算。

本章主要介绍如何进行 Heusler 合金的晶体结构建模,这是第一性原理计算的基础。只有建立合适的计算模型,才能获得准确的计算结果,所有的计算都需要在可靠的晶体结构建模的基础上开展。

3.1　Heusler 合金 $Ni_2MnGa(L2_1)$ 结构建模

3.1.1　晶体结构实验数据

德国 FIZ Karlsruhe 公司的无机晶体结构数据库(inorganic crystal structure database,ICSD)收录了自 1913 年以来出版的十几万条无机晶体结构方面的详细信息,所有数据均经过全面的质量审核,每年更新,同时对已有的晶体结构数据也会进行定期的检查、修改和更新。软件 FindIt/ICSD 是集成了 ICSD 数据的平台,从中可以很方便地查找到纯元素、矿物、金属和金属间化合物的晶体结构数据。

(1)打开软件 FindIt/ICSD,呈现如图 3.1 所示的检索界面,在 Chemisty 选项卡

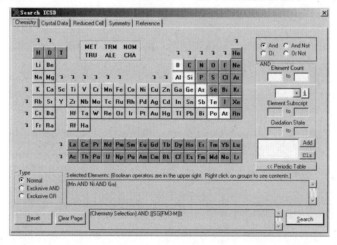

图 3.1　FindIt/ICSD 的 $Ni_2MnGa(L2_1)$ 结构检索界面

中依次单击 Ni、Mn、Ga 原子,将三种原子添加到检索框中;在 Symmetry 选项卡中将空间群限定为 $Ni_2MnGa(L2_1)$ 结构的 FM3-M,将空间群的限定也添加到检索框中。

(2) 单击 Search 按钮,执行检索式为((Mn AND Ni AND Ga)) AND ((SG[FM3-M]))的检索,得到 6 条 $Ni_2MnGa(L2_1)$ 结构的 ICSD 数据,如图 3.2 所示。

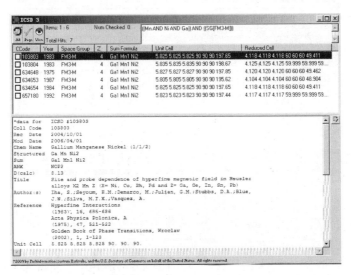

图 3.2 $Ni_2MnGa(L2_1)$ 结构

(3) 选择 1992 年的数据[1],在图 3.2 的下半部分会显示该记录的晶体结构信息,如表 3.1 所示。

表 3.1 $Ni_2MnGa(L2_1)$ 结构信息

空间群	晶格常数 a/Å	各原子坐标
225(FM-3M)	5.823	Ga(0,0,0) Mn(0.5,0.5,0.5) Ni(0.25,0.25,0.25)

3.1.2 晶胞的建模

本节将根据 3.1.1 节中晶体结构的基本信息,用手动方式建立晶胞,具体步骤如下。

1. 建立点阵结构

(1) 打开 Materials Studio 平台,选择 Create a new project 命令建立一个新的工程,并重命名为〈Ni2MnGa. stp〉;在菜单栏中选择 File | New 命令,打开 New

Document 对话框,选择 3D Atomistic 选项并单击"确定"按钮,即在工程中建立一个新文件,如图 3.3 所示。

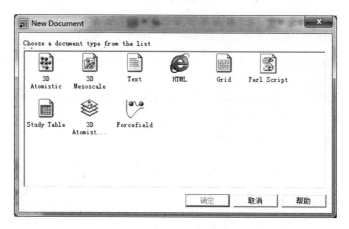

图 3.3　在工程中建立新文件

(2) 将文件名〈3D Atomistic. xsd〉改写为〈Ni2MnGa. xsd〉。

(3) 出现建模界面背景后,选择 Build | Crystals | Build Crystal 命令,在弹出的 Build Crystal(建立晶体)对话框中设置 Space Group(空间群号)为 225(FM-3M),如图 3.4 所示。

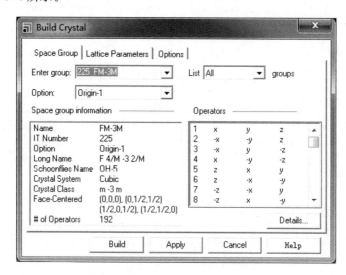

图 3.4　设置 Space Group(空间群号)

(4) 选择 Lattice Parameters(晶格参数)选项卡,设置 $a = 5.823$Å。如图 3.5 所示。

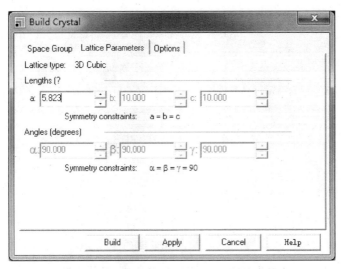

图 3.5　设置 Lattice Parameters(晶格参数)

（5）单击 Build 按钮，则点阵结构建立，得到立方晶格。

2. 添加原子建立晶胞模型

（1）在点阵结构中添加各个原子。在 Materials Studio 平台中选择 Build | Add Atoms 命令，在打开的 Add Atoms(添加原子)对话框中分别选择 Ni、Mn、Ga 元素，并给定每个原子的分数坐标，单击 Add 按钮添加原子。如图 3.6 所示。

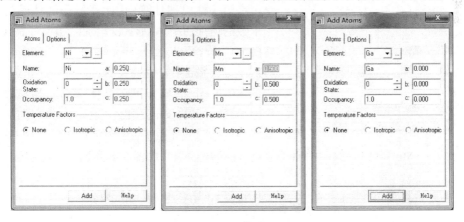

图 3.6　添加原子

（2）在建立的 $Ni_2MnGa(L2_1)$ 结构的视窗内单击鼠标右键，通过弹出的快捷菜单命令可以进行多种修饰，如图 3.7 所示。

$Ni_2MnGa(L2_1)$ 晶胞中共有 16 个原子，即八个 Ni 原子、四个 Mn 原子、四个 Ga 原子。

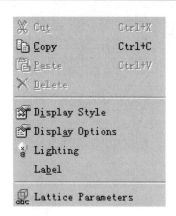
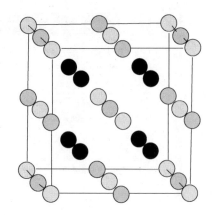

图 3.7　$Ni_2MnGa(L2_1)$结构

●-Ni 原子　●-Mn 原子　○-Ga 原子

另外,也可以通过自动模式来进行晶胞的建模,具体方法如下。

(1) 在前述通过 FindIt/ICSD 检索得到六条 $Ni_2MnGa(L2_1)$ 结构的 ICSD 数据(图 3.2)后,可以选择 1992 年的数据,启动 FindIt/ICSD 自带的 Visualize 模块,则会呈现对应的模型,将该模型导出为〈Ni2MnGa. cif〉格式的输出文件。

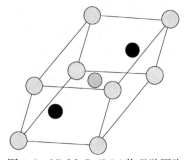

(2) 打开 Materials Studio 平台,直接单击 Import 按钮,导入〈Ni_2MnGa. cif〉格式文件,即可方便地建立 $Ni_2MnGa(L2_1)$晶胞模型。

在第一性原理计算中,计算量会随体系原子个数的增加而呈 N^3 形式的增加。如果将晶胞转换为原胞,可以大大降低计算量。只需在 Materials Studio 平台中选择 Build | Symmetry | Primitive Cell 命令,即可将晶体学晶胞转换成物理学原胞。$Ni_2MnGa(L2_1)$原胞中共有四个原子,其中两个 Ni 原子、一个 Mn 原子、一个 Ga

图 3.8　$Ni_2MnGa(L2_1)$物理学原胞

●-Ni 原子　●-Mn 原子　○-Ga 原子

原子。$Ni_2MnGa(L2_1)$原胞的原子数只是晶胞的 1/4。如图 3.8 所示。

3.2　Heusler 合金 Ni_2MnGa(四方)结构建模

3.2.1　晶体结构实验数据

本节将通过软件 FindIt/ICSD 得到的晶体结构基本信息作为实验数据。

(1) 打开软件 FindIt/ICSD 后会呈现一个检索界面,在 Chemisty 选项卡中依次单击 Ni、Mn、Ga 原子,将三种原子添加到检索框中,如图 3.9 所示。

(2) 选择 Symmetry 选项卡,将空间群限定为 Ni_2MnGa(四方)结构的 I4/

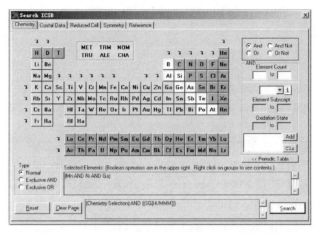

图 3.9　FindIt/ICSD 的 Ni_2MnGa(四方)结构检索界面

MMM,将空间群的限定也添加到检索框中;单击 Search 按钮,执行检索式为((Mn AND Ni AND Ga)) AND ((SG[I4/MMM]))的检索,得到 Ni_2MnGa(四方)结构的 ICSD 数据,如图 3.10 所示。

图 3.10　Ni_2MnGa(四方)结构

(3) 选择 2005 年的数据[2],在图 3.10 的下半部分将给出该记录的晶体结构信息,具体数据如表 3.2 所示。

表 3.2　Ni_2MnGa(四方)结构信息

空间群	晶格常数 $a/Å$	各原子坐标坐标
139(I4/MMM)	$a=3.865$ $c=6.596$	Ga(0,0,0) Mn(0,0,0.5) Ni(0,0.5,0.25)

3.2.2　晶胞的建模

本节将根据表 3.2 中晶体结构的基本信息,用手动方式建立晶胞,具体步骤如下。

1. 建立点阵结构

(1) 打开 Materials Studio 平台,选择 Create a new project 命令建立一个新的工程,并重命名为〈Ni2MnGa(sifang). stp〉;选择 File | New 命令,在打开的 New Document 对话框中选择 3D Atomistic 选项并单击"确定"按钮,即在工程中建立一个新文件〈3D Atomistic. xsd〉。

(2) 将文件名〈3D Atomistic. xsd〉改写为〈Ni2MnGa(sifang). xsd〉。

(3) 出现建模界面背景后,选择 Build | Crystals | Build Crystal 命令,在弹出的 Build Crystal(建立晶体)对话框中设置选择空间群号为 139(I4/MMM),如图 3.11 所示。

(4) 选择 Lattice Parameters(晶格参数)选项卡,在 Lengths 处设置 $a=$ 3.865Å,$c=6.596$Å;单击 Build 按钮,则点阵结构建立,得到四方晶格。如图 3.12 所示。

图 3.11　设置
Space Group(空间群号)

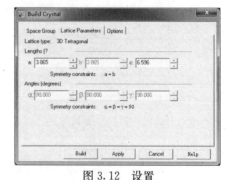

图 3.12　设置
Lattice Parameters(晶格参数)

2. 添加原子建立晶胞模型

(1) 在点阵结构中添加各个原子。在 Materials Studio 平台中选择 Build | Add Atoms 命令,在打开的 Add Atoms(添加原子)对话框中分别选择 Ni、Mn、Ga 元素,并给定每个原子的分数坐标,单击 Add 按钮添加原子。如图 3.13 所示。

(2) 在建立的 Ni₂MnGa(sifang)的晶胞模型视窗内单击鼠标右键,通过弹出的快捷菜单命令进行修饰。Ni₂MnGa(四方)晶胞中共有八个原子,其中,四个 Ni 原子、两个 Mn 原子、两个 Ga 原子。如图 3.14 所示。

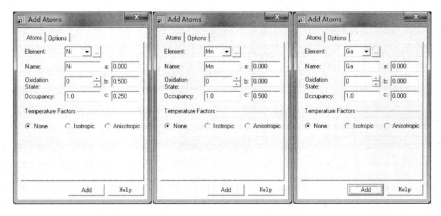

图 3.13　添加原子

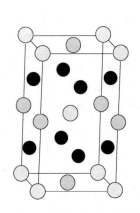
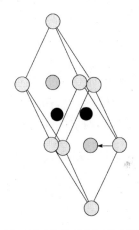

图 3.14　Ni_2MnGa(四方)结构模型　　图 3.15　Ni_2MnGa(四方)物理学原胞

●-Ni 原子 ◓-Mn 原子 ○-Ga 原子　　　●-Ni 原子 ◓-Mn 原子 ○-Ga 原子

　　同样,也可以通过自动模式来进行晶胞的建模,操作方法同 3.1.2 节。

　　在 Materials Studio 平台中还可以很方便地将晶胞转换为物理学原胞,如图 3.15所示。Ni_2MnGa(四方)原胞中共有四个原子,其中两个 Ni 原子、一个 Mn 原子、一个 Ga 原子。Ni_2MnGa(四方)原胞的原子只有晶胞的 1/2。

参 考 文 献

[1] Ooiwa K,Endo K,Shinogi A. A structural phase-transition and magnetic-properties in a Heusler alloy Ni_2MnGa[J]. Journal of Magnetism and Magnetic Materials,1992,104(3): 2011-2012.

[2] Cong D Y,Zetterstrom P,Wang Y D,et al. Crystal structure and phase transformation in $Ni_{53}Mn_{25}Ga_{22}$ shape memory alloy from 20K to 473K[J]. Applied Physics Letters,2005, 87(11):111906-1-111906-3.

第 4 章　Heusler 合金平衡晶格常数的优化

能量最低原理是自然界的一个普遍规律。在平衡状态时,晶体的能量趋向于最低值,这个值就是平衡晶格常数,通常简称为晶格常数。晶体的原子间距离不管是大于还是小于相对应的平衡晶格常数,体系的能量都会升高,所以平衡晶格常数是晶体最基础的性质。本章首先通过计算不同晶格常数时的总能,得到能量 E 与晶格常数 a 的关系,然后进行多项式拟合处理,获得多项式的极值点,所对应的晶格常数就是平衡晶格常数。一般,可以采用简单的二次拟合来获得平衡晶格常数[1]。

4.1　Heusler 合金 $Ni_2MnGa(L2_1)$ 立方晶格常数优化(CASTEP)

本节将采用 Materials Studio 平台的 CASTEP 模块来计算 $Ni_2MnGa(L2_1)$ 在不同晶格常数下的能量值,作出能量 E 与晶格常数 a 的曲线,并进行二次拟合,找出能量最低点,其所对应的晶格常数为优化后的平衡晶格常数。计算过程详述如下。

1. 在新工程中建立 10 个文件夹

$Ni_2MnGa(L2_1)$ 晶格常数在 $5.60\sim6.10$Å 范围内。

打开 Materials Studio 平台,建立新的工程〈New Project〉,并重命名为〈Ni2MnGa〉。

这时,Materials Studio 平台中会呈现四个窗口:主窗口、Project 窗口、Properties 窗口和 Jobs 窗口。主窗口中给出研究分析的工程对象;Project 窗口用来查看和处理工程文件;Properties 窗口中可以查看和编辑对象的属性;Jobs 窗口可以查看和处理工程进展,也可以在此终止计算。

本工程包含了 10 个不同晶格常数的能量计算,为便于管理,需要在工程〈Ni2MnGa〉的根目录下建立 10 个文件夹。方法如下。

(1) 右击根目录,在弹出的快捷菜单中选择 New | Folder 命令建立文件夹,重复操作 10 次建立 10 个文件夹。

(2) 将 10 个文件夹依次命名为〈Ni2MnGa5.60〉、〈Ni2MnGa5.65〉、〈Ni2MnGa5.70〉、〈Ni2MnGa5.75〉、〈Ni2MnGa5.80〉、〈Ni2MnGa5.85〉、〈Ni2MnGa5.90〉、〈Ni2MnGa5.95〉、〈Ni2MnGa6.00〉、〈Ni2MnGa6.05〉。

在每个文件夹中,先单击 Import 按钮导入 $Ni_2MnGa(L2_1)$ 结构的文件 <Ni2MnGa.cif>,或者手动建立模型;然后选择 Build | Crystals | Rebuild Crystal

命令,在弹出的对话框中选择 Lattice Parameters 选项卡,在 Lengths 中把晶格常数分别改为 5.60Å、5.65Å、5.70Å、5.75Å、5.80Å、5.85Å、5.90Å、5.95Å、6.00Å、6.05Å,单击 Rebuild 按钮确认。

选择 Build | Symmetry | Primitive Cell 命令,将晶胞转换成原胞,这样操作可以减少计算量。

2. 晶格常数 5.60Å 的能量计算

经过收敛性测试,同时参考相关文献并兼顾计算效率和精度,进行计算参数的设定,具体步骤如下。

(1) 在 Materials Studio 平台中选择 Modules | Castep | Calculation 命令,打开 CASTEP Calculation 设置对话框。在 Setup 选项卡中,将 Task 设置为 Energy,选取 Spin polarized、Use formal spin as initial 和 Metal 复选框,选择关联泛函 GGA-PBE。在 Electronic 选项卡中选择 Pseudopotentials(超软赝势)为 Ultrasoft,设置 Energy cutoff(截断能)为 380eV,设置 k-points set 为 $12 \times 12 \times 12$。在 Job Control 选项卡中选择多核并行计算。具体设置如图 4.1 所示。

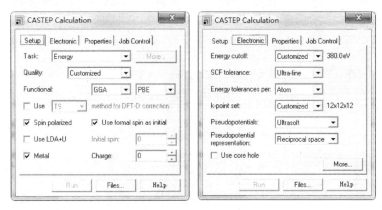

图 4.1　CASTEP Calculation 对话框的具体设置

(2) 设置完成后,单击 Run 按钮进行能量计算。当计算开始后,系统会自动生成一个新的文件夹,其中包含了所有的计算结果,在计算过程中及结束后这个新文件夹中会不断产生和更新若干新的文件。

(3) 计算完成后出现提示框显示成功,单击 OK 按钮返回主界面。打开新文件〈Ni2MnGa5.60.castep〉,从中提取如下语句:

Final energy, $E = -5416.164951192$eV

Final free energy(E-TS) $= -5416.178026183$eV

这里的 $E = -5416.164951192$eV 就是计算得到的晶格常数为 5.60Å 结构的能量。

3. 提取计算结果及分析

下面依次对不同晶格常数的能量进行计算。

（1）从每次计算生成的新文件夹的新文件〈*. castep〉中提取计算能量，并将能量 E 与晶格常数 a 的关系汇总于表 4.1。

表 4.1　能量 E 与晶格常数 a 的关系

晶格常数 a/Å	能量 E/eV	晶格常数 a/Å	能量 E/eV
5.60	−5416.16495	5.85	−5416.57639
5.65	−5416.33201	5.90	−5416.55023
5.70	−5416.45281	5.95	−5416.49581
5.75	−5416.53126	6.00	−5416.41585
5.80	−5416.57123	6.05	−5416.31271

（2）将表 4.1 的数据导入 Origin 软件中。首先生成散点图；然后在菜单栏中选择 Analysis | Fitting | Polynomial Fit 命令，在弹出的 Polynomial Fit 对话框中设置 Polynomial Order 参数为 2，即进行二次拟合。能量 E 与晶格常数 a 的二次拟合结果如图 4.2 所示。

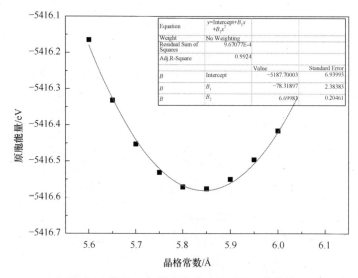

图 4.2　能量 E 与晶格常数 a 关系的二次拟合

拟合得到的 2 次式为

$$E = 6.6998333332939a^2 - 78.3189722722647a - 5187.70002797105$$

计算结果表明，$Ni_2MnGa(L2_1)$ 晶格常数 $a = 5.845$Å，此时能量为最小值。$Ni_2MnGa(L2_1)$ 晶格常数的实验值为 5.823Å[2]，计算值与实验值基本相符。

4.2　Heusler 合金 $Ni_2MnGa(L2_1)$ 立方晶格常数优化（VASP，手动变晶格常数）

VASP 是一款基于 Linux 操作系统的软件，有四个输入文件，即〈POSCAR〉、〈POTCAR〉、〈KPOINTS〉和〈INCAR〉。其中，〈POSCAR〉文件给出了体系的原子种类、晶格结构信息和原子位置信息；〈POTCAR〉文件给出了计算中涉及的每种元素的赝势，如果计算的体系包含的元素种类不止一种，则需要按照〈POSCAR〉文件中元素的顺序生成相应的〈POTCAR〉文件；〈KPOINTS〉文件中包含 k 点网格信息，其呈现方式有两种，一种是在〈KPOINTS〉文件中列出所有的 k 点，第二种是通过软件自动生成 k 点；〈INCAR〉文件是 VASP 最重要的输入文件，它决定了软件计算的性质和计算性质的方法，其中有许多参数可以设置，但多数参数都可以采用默认值。在计算运行过程中将产生一系列输出文件，如〈OUTCAR〉、〈OSZI-CAR〉、〈CONTCAR〉、〈CHGCAR〉、〈CHG〉、〈WAVECAR〉和〈DOSCAR〉等，会给出非常丰富的计算数据。

本节将采用手动改变晶格常数的方法，用 VASP 软件计算 $Ni_2MnGa(L2_1)$ 在不同晶格常数下的能量值，作出能量 E 与晶格常数 a 的曲线，并进行二次拟合，找出能量最低点，其所对应的晶格常数为优化后的平衡晶格常数。

1. 建立 10 个文件夹

$Ni_2MnGa(L2_1)$ 晶格常数在 5.60～6.10Å 范围内。建立 10 个文件夹，分别命名为〈Ni2MnGa5.60〉、〈Ni2MnGa5.65〉、〈Ni2MnGa5.70〉、〈Ni2MnGa5.75〉、〈Ni2MnGa5.80〉、〈Ni2MnGa5.85〉、〈Ni2MnGa5.90〉、〈Ni2MnGa5.95〉、〈Ni2MnGa6.00〉、〈Ni2MnGa6.05〉，文件夹的名称对应于将要计算的不同的晶格常数。

2. 准备输入文件

在 10 个文件夹中分别建立 VASP 的四个输入文件〈POSCAR〉、〈POTCAR〉、〈KPOINTS〉和〈INCAR〉。具体方法介绍如下。

（1）建立 $Ni_2MnGa(L2_1)$ 结构，为减少计算量将晶胞转换成原胞，将其输出为〈Ni2MnGa.cif〉格式文件，再利用 VESTA 软件将其转换为输入文件〈POSCAR〉，见源文件 4.1。注意，将第二行的缩放系数分别修改为对应文件夹所取的晶格常数值。

源文件 4.1　输入文件〈POSCAR〉

```
Ni₂MnGa        //注释行,给体系命名
   5.65        //缩放系数,这里是晶格常数 a
```

```
0.0 0.5 0.5
0.5 0.0 0.5          //基矢
0.5 0.5 0.0
  2   1   1          //每种元素的原子个数,这里是两个 Ni、一个 Mn、一个 Ga,与 POTCAR 对应
Direct               // Direct 坐标
   0.2500000000000000 0.2500000000000000 0.2500000000000000//Ni,顺序与第 6 行一致
   0.7500000000000000 0.7500000000000000 0.7500000000000000//Ni,顺序与第 6 行一致
   0.5000000000000000 0.5000000000000000 0.5000000000000000//Mn,顺序与第 6 行一致
   0.0000000000000000 0.0000000000000000 0.0000000000000000//Ga,顺序与第 6 行一致
```

　　(2) $Ni_2MnGa(L2_1)$的输入文件〈POTCAR〉从 VASP 赝势库〈paw_pbe〉中调用。将赝势文件夹下〈paw_pbe〉文件夹中 Ni、Mn、Ga 的赝势文件〈POTCAR〉复制到〈Ni2MnGa5.60〉文件夹下,并分别命名为〈Ni〉、〈Mn〉、〈Ga〉。打开 VASP 终端,输入如下指令将三个赝势文件合并为一个赝势文件〈POTCAR〉(注意元素顺序与〈POSCAR〉中一致):

　　@:cat Ni Mn Ga ≫POTCAR

并删除〈Ni〉、〈Mn〉、〈Ga〉这三个文件。上述指令中,@是自定义的提示符,表示在终端中的普通用户权限。

　　(3) 通过调试,确定了输入文件〈KPOINTS〉,见源文件 4.2。

源文件 4.2　输入文件〈KPOINTS〉

```
Automatic generation
0                        #0表示自动产生 k 点
Monkhorst Pack           #用 Monkhorst Pack 方法产生 k 点
9  9    9                #产生 9*9*9 的网格
0.0 0.0 .0.0             #偏移量
```

　　(4) 通过调试,确定了输入文件〈INCAR〉,见源文件 4.3。

源文件 4.3　输入文件〈INCAR〉

```
SYSTEM=Ni2MnGa                    #注释行,给体系命名
######################files
ISTART=0                          #开始新的计算
ICHARG=2                          #叠加原子的电荷密度
#####################general
ISPIN=2                           #自旋极化方式
```

```
MAGMOM=2*1 3 0                    #初始磁矩,此处需单独指定每一个原子的初始磁矩
GGA=PE                            #指定 PAW-PBE 赝势
ENCUT=600                         #平面波截断能大小
EDIFF=1E-5                        #相邻两步电子迭代计算的收敛标准
PREC=Accurate                     #计算精度
#LORBIT=11                        #控制输出投影波函数
LREAL=.FALSE.                     #是否实空间投影
LWAVE=.FALSE.                     #是否保留 WAVECAR
LCHARG=.FALSE.                    #是否保留 CHGCAR 和 CHG
#NEDOS=1200
####################smear
ISMEAR=1                          #表示 1 阶 Methfessel-Paxton 方法
SIGMA=0.2                         #表示展开的宽度
###################relaxation
NSW=0                             #离子运动最大步数,0 表示不作离子弛豫
#ISIF=2                           #结构优化时不改变原胞的形状和体积
#POTIM=0.5                        #离子运动振幅
#IBRION=2                         #结构优化采用 CG 算法
#EDIFFG=-1E-4                     #离子弛豫的收敛标准
```

（5）将输入文件〈POSCAR〉、〈POTCAR〉、〈KPOINTS〉、〈INCAR〉保存。在本书后续章节中,将经常需要复制或修改这四个文件。

3. 进行 VASP 计算

分别在每个文件夹路径下运行 VASP 进行计算:

mpirun -np n vasp

其中,n 是计算机中可用到的核的总数。

计算时注意以下几点。

（1）计算开始会产生一系列输出文件。对于输出文件〈OUTCAR〉,用“tail-f OUTCAR”指令可以实时查看文件更新信息;计算结束后,用“vi OUTCAR”指令可以查看〈OUTCAR〉文件;用 Shift＋G 快捷键可以到达〈OUTCAR〉最末端;用 Ctrl＋B 快捷键可以向上翻页。计算正常结束时,〈OUTCAR〉文件末端显示如下:

General timing and accounting informations for this job:

Total CPU time used (sec):	155.836
User time (sec):	155.697

System time (sec):	0.139
Elapsed time (sec):	156.471
Maximum memory used (kb):	175940.
Average memory used (kb):	0.
Minor page faults:	44719
Major page faults:	47
Voluntary context switches:	55

(2) 在〈OUTCAR〉文件中有丰富的信息,如原子坐标、原子受力和体系能量等。

(3) 在计算进行的过程中,可以通过输出文件〈OSZICAR〉实时查看每步电子弛豫后的总能量及能量是否达到收敛精度。

(4) 在输出文件〈XDATCAR〉中,可以查看每一步离子弛豫后各原子的 XYZ 结构信息。如果计算中途停止,则可以打开〈XDATCAR〉文件,将计算正常时的结构作为〈POSCAR〉重新进行计算。

(5) 输出文件〈CONTCAR〉与〈POSCAR〉的格式完全相同。如果在计算时结构没有收敛或者结构优化之后要接着进行自洽计算,则可以将〈CONTCAR〉重命名为〈POSCAR〉进行新的计算。

(6) 计算中常常可以进行多次结构优化,以获得能量最优的结构。每一次结构优化的输出文件〈CONTCAR〉,可以重命名为〈POSCAR〉作为新的输入文件。

4. 提取计算结果及分析

计算完成后,文件夹下会出现输出文件〈OSZICAR〉,从中提取出体系的能量值 E,如晶格常数为 5.60Å 时有下面一行输出结果:

5.60 1F $=-.23982005E+02$ E0$=-.23983321E+02$

dE$=0.395011E-02$ mag$=3.8382$

汇总得到能量 E 与晶格常数 a 的关系,如表 4.2 所示。

表 4.2   能量 E 与晶格常数 a 的关系

晶格常数 $a/\text{Å}$	能量 E/eV	晶格常数 $a/\text{Å}$	能量 E/eV
5.60	$-0.23982005E+02$	5.85	$-0.24286098E+02$
5.65	$-0.24122242E+02$	5.90	$-0.24245585E+02$
5.70	$-0.24218930E+02$	5.95	$-0.24178758E+02$
5.75	$-0.24276198E+02$	6.00	$-0.24088004E+02$
5.80	$-0.24297372E+02$	6.05	$-0.23976070E+02$

　　将表 4.2 的数据导入 Origin 软件中，先生成散点图；在菜单栏中选择 Analysis |Fitting|Polynomial Fit 命令，在弹出的对话框中选择 Polynomial Order 参数为 2，即进行二次拟合。能量 E 与晶格常数 a 关系的二次拟合结果如图 4.3 所示。

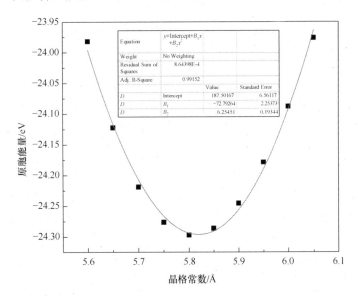

图 4.3　能量 E 与晶格常数 a 关系的二次拟合

　　拟合得到的二次式为
$$E = 6.25451a^2 - 72.79264a + 187.50167$$
　　计算结果表明，$Ni_2MnGa(L2_1)$ 晶格常数 $a = 5.820$Å 时能量为最小值。$Ni_2MnGa(L2_1)$ 晶格常数的实验值为 5.823Å[2]，计算值与实验值基本相符。

4.3　Heusler 合金 $Ni_2MnGa(L2_1)$ 立方晶格常数优化（VASP，自动变晶格常数）

　　本节将采用 VASP 软件来计算 $Ni_2MnGa(L2_1)$ 在不同晶格常数下的能量值，用自动改变晶格常数的方法，作出能量 E 与晶格常数 a 的曲线，并进行二次拟合，以找出能量最低点，其所对应的晶格常数为优化后的平衡晶格常数。

1. 建立文件夹并准备输入文件

　　建立〈Ni2MnGa〉文件夹，并在该路径下建立 VASP 的四个输入文件〈POSCAR〉、〈POTCAR〉、〈KPOINTS〉、〈INCAR〉。其中，输入文件〈POSCAR〉将由编写的脚本程序自动生成；输入文件〈POTCAR〉复制 4.2 节已存档的文件即可;输入文件〈KPOINTS〉中 k 点设置为 $9×9×9$;输入文件〈INCAR〉只需复制 4.2 节的源文件 4.3 即可。

2. 编写脚本文件 run. sh 并进行计算

(1) 准备好输入文件〈POTCAR〉、〈KPOINTS〉和〈INCAR〉,并编写自动变晶格常数计算的脚本文件〈run. sh〉,见源文件 4.4。其中,晶格常数将会自动依次设为 5.60、5.65、5.70、5.75、5.80、5.85、5.90、5.95、6.00、6.05 进行计算。

源文件 4.4　自动变晶格常数计算的脚本文件〈run. sh〉

```
rm WAVECAR                                        #删除 WAVECAR
for i in for i in 5. 60 5. 65 5. 70 5. 75 5. 80 5. 85 5. 90 5. 95 5. 60 5. 65   #循环语句,定义变
                                                      量 i 为晶格常数,
                                                      取 值 为 3. 5 ~
                                                      4. 4,步长为 0. 05
do                                                #do 开始到! 为循环内容
cat>POSCAR<<!                                     #生成 POSCAR 文件
fcc:
   $i
 0. 0 0. 5 0. 5
 0. 5 0. 0 0. 5
 0. 5 0. 5 0. 0
 2    1    1
Direct
 0. 250000000000000    0. 250000000000000    0. 250000000000000
 0. 750000000000000    0. 750000000000000    0. 750000000000000
 0. 500000000000000    0. 500000000000000    0. 500000000000000
 0. 000000000000000    0. 000000000000000    0. 000000000000000
!                                                 #循环语句结束
echo"a=$i"; vasp                                  #显示晶格常数,调用 VASP 程序
E=`tail-1 OSZICAR`; echo$i $E>>SUMMARY. fcc        #将 OSZICAR 文件的最后一行的数
                                                      据赋值给 E 变量,并将变量 i、E 的
                                                      值依次写入 SUMMARY. fcc 文件中
done                                              #结束
cat SUMMARY. fcc                                   #显示 SUMMARY. fcc 文件内容
```

(2) 编写好脚本之后,在 Linux 终端中输入如下指令:

chmod ＋x ./run. sh

该指令的作用是赋予〈run. sh〉文件可执行权限。

如果该脚本是在 Windows 系统下编写的,则在输入上述指令前需输入如下指令:

dos2unix ./run. sh

该指令的作用是使 Windows 系统下编写的文件能被 Linux 系统正常识别。

(3) 在 Linux 终端中输入如下指令进行计算:

./run. sh

3. 提取计算结果及分析

计算完成后生成的输出文件〈SUMMARY. fcc〉中记录了不同晶格常数时的总能量数据,见源文件 4.5。

源文件 4.5　输出文件〈SUMMARY. fcc〉

```
----------------------------------------------------------------
5. 60 1F=-. 23982005E+02   E0=-. 23983321E+02   dE= 0. 395011E-02   mag=3. 8382

5. 65 1F=-. 24122242E+02   E0=-. 24123475E+02   dE= 0. 370153E-02   mag=3. 8917

5. 70 1F=-. 24218930E+02   E0=-. 24220181E+02   dE= 0. 375426E-02   mag=3. 9426

5. 75 1F=-. 24276198E+02   E0=-. 24277497E+02   dE= 0. 389807E-02   mag=3. 9912

5. 80 1F=-. 24297372E+02   E0=-. 24298642E+02   dE= 0. 381015E-02   mag=4. 0384

5. 85 1F=-. 24286098E+02   E0=-. 24287198E+02   dE= 0. 330013E-02   mag=4. 0860

5. 90 1F=-. 24245585E+02   E0=-. 24246390E+02   dE= 0. 241511E-02   mag=4. 1357

5. 95 1F=-. 24178758E+02   E0=-. 24179214E+02   dE= 0. 136793E-02   mag=4. 1878

6. 00 1F=-. 24088004E+02   E0=-. 24088139E+02   dE= 0. 406569E-03   mag=4. 2415

6. 05 1F=-. 23976070E+02   E0=-. 23975973E+02   dE=-. 290776E-03   mag=4. 2950
----------------------------------------------------------------
```

将源文件 4.5 中第一列晶格常数和第二列能量 1F 的数据导入 Origin 软件中,能量 E 与晶格常数 a 关系进行二次拟合,结果详见 4.2 节。

4.4　Heusler 合金 $Ni_2MnGa(L2_1)$ 立方晶格常数优化(ELK)

本节将介绍采用 ELK 软件来计算 $Ni_2MnGa(L2_1)$ 在不同晶格常数下的能量值,作出能量 E 与晶格常数 a 的曲线,并进行二次拟合,从而找出能量最低点,其所对应的晶格常数为优化后的平衡晶格常数。这里先对 ELK 软件进行简介,再详细讲述计算过程。

4.4.1　ELK 软件简介

除了 CASTEP 和 VASP,还有不少很优秀的第一性原理计算软件,ELK 就是其中之一,其特点介绍如下。

(1) ELK 使用全电子、全势线性化增强平面波(FP-LAPW)来计算晶体性质。VASP 需要四个输入文件⟨INCAR⟩、⟨POSCAR⟩、⟨POTCAR⟩和⟨KPOINTS⟩,而软件 ELK 仅有一个输入文件⟨elk. in⟩,只需在该文件内一一写出计算所需的结构、参数和性能等,所以操作上较为简便。

(2) ELK 可以实现第一性原理的计算,如基态计算、几何优化以及态密度计算等。

(3) ELK 使用全电子、全势线性化增强平面波方法来进行第一性原理计算,因此它具有计算精度高的特点,但同时计算速度较慢,其发展受到限制。

(4) ELK 中使用原子单位(au):
$$1au=27.2113845eV,1au=0.52917721092\text{Å}$$

(5) 软件 ELK 的输入文件为⟨elk. in⟩,其中指定了程序计算所需的参数、原子位置、势文件的路径和 k 点密度。通过指定 tasks 参数为不同数值,并配合相应的其他参数,即可进行相应的计算。在⟨elk. in⟩中设定不同的参数可以计算不同的性质,其输出文件也不相同。

4.4.2　计算过程

1. 建立 10 个文件夹

建立 10 个文件夹,分别命名为⟨ Ni2MnGa5. 60 ⟩、⟨ Ni2MnGa5. 65 ⟩、⟨ Ni2MnGa5. 70 ⟩、⟨ Ni2MnGa5. 75 ⟩、⟨ Ni2MnGa5. 80 ⟩、⟨ Ni2MnGa5. 85 ⟩、⟨Ni2MnGa5. 90⟩、⟨Ni2MnGa5. 95⟩、⟨Ni2MnGa6. 00⟩、⟨Ni2MnGa6. 05⟩,文件夹的名称对应于将计算的不同晶格常数。

2. 准备输入文件

在每个文件夹中建立输入文件⟨elk. in⟩,其中点阵矢量缩放因子 scale 取值方法为"晶格常数/0.52917721092(17)Å",例如,当晶格常数为 5.6 时,取值为 5.6Å/0.52917721092Å=10.586,见源文件 4.6。为减少计算量,将晶胞转换成原胞进行计算。

源文件 4.6　输入文件⟨elk. in⟩

----

elk.in

```
----------------------------------------------------------------
tasks       //任务,具体计算任务对应的数字可以从 ELK 手册中查到
0           //即进行基态的最基本性质的计算
Latvopt     //指定弛豫的类型
1           //当 tasks 为 2 或 3 时表示无约束优化,此处不起作用
Xctype      //选择计算使用的交换关联泛函,数字所对应的泛函可以从手册中查到
21          //经测试,发现该修正 GGA 泛函计算结果较好
epsengy     //总能收敛的标准
1E-7
lmaxmat     //在最外层结构的哈密顿和重叠矩阵设置中的角动量截断值
8           //此处为测试值
lmaxvr      //muffin-tin 密度的角动量截断值
8           //此处为测试值
lmaxapw     //APW 函数的角动量截断值
8           //此处为测试值
gmaxvr      //为扩大间隙密度和电位的 G 的最大长度
18          //此处为测试值
rgkmax      //设置 G+K 向量的最大长度
7.45        //此处为测试值
spinpol     //需要考虑自选极化的情况下设置为.true.
   .true.
bfieldc     //直角坐标系下的全局外部磁场
   0.0 0.0 0.005
scale       //点阵矢量缩放因子
   10.586
avec        //晶体中的原胞的单位向量
   0.0 0.5 0.5
   0.5 0.0 0.5
   0.5 0.5 0.0
atoms       //原子信息
   3                                    # 原子种类数
   'Ni.in'                              # 原子名
   2                                    # 数量
   0.25 0.25 0.25    0.0  0.0  0.0      # 位置
   0.75 0.75 0.75    0.0  0.0  0.0
   'Mn.in'
   1
   0.5 0.5 0.5    0.0  0.0  0.0
```

```
'Ga.in'
1
0.0 0.0 0.0    0.0  0.0  0.0
```
sppath 　　//势文件 species 的路径
```
'../../species/'
```
nempty 　　//每个原子的自旋和空状态数
```
8
```
ngridk 　　//k 点网格尺寸
```
6  6  6
```

----

3. 进行 ELK 计算

软件 ELK 需要运行于 Linux 操作系统下,运行指令如下:

@:mpirun -np n ./elk

其中,n 是计算机中可用到的核的总数。

4. 提取计算结果及分析

计算完成后,在输出文件〈TOTENERGY〉中的最后一行,提取出能量计算值 -6145.00825739(Hatree)。

依次对点阵矢量缩放因子进行修改,指定晶格常数从 5.60Å 到 6.05Å,分别计算出能量。计算完成后,在各输出文件〈TOTENERGY〉中的最后一行取出能量计算值,汇总得到能量 E 与晶格常数 a 的关系,如表 4.3 所示。

表 4.3　能量 E 与晶格常数 a 的关系

晶格常数 a/Å	能量 E/Hatree	晶格常数 a/Å	能量 E/Hatree
5.60	-6145.00825739	5.85	-6145.02843549
5.65	-6145.01559974	5.90	-6145.02849316
5.70	-6145.02097907	5.95	-6145.02709813
5.75	-6145.02480534	6.00	-6145.02450414
5.80	-6145.02734470	6.05	-6145.02133216

注:1Hatree=2625.5kJ/mol=27.21eV。

将表 4.3 的数据导入 Origin 软件中。首先生成散点图;然后选择 Analysis|Fitting|Polynomial Fit 命令,在弹出的对话框中设置 Polynomial Order 参数为 2,即进行二次拟合。能量 E 与晶格常数 a 关系的二次拟合结果如图 4.4 所示。

拟合得到的二次式为

$$E = 0.26265a^2 - 3.08686a - 6135.95898$$

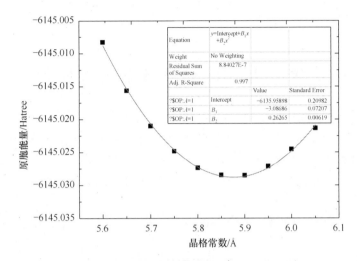

图 4.4　能量 E 与晶格常数 a 关系的二次拟合

计算结果表明，$Ni_2MnGa(L2_1)$ 晶格常数 $a = 5.876\text{Å}$，此时能量为最小值。$Ni_2MnGa(L2_1)$ 晶格常数的实验值为 5.823Å[2]，计算值与实验值基本相符。

参 考 文 献

[1] David S S, Janice A S. Density Functional Theory a Practical Introduction[M]. Hoboken: John Wiley & Sons, Inc., 2009.

[2] Shinogi A. A structural phase-transition and magnetic-properties in a Heusler alloy Ni_2MnGa[J]. Journal of Magnetism and Magnetic Materials, 1992, 104(3): 2011-2012.

第 5 章　Heusler 合金的四方变形计算

四方变形是研究材料结构与相变特征的重要方法。Heusler 合金除了立方结构外，还可能存在 $c/a<1$ 和 $c/a>1$ 的四方结构。Heusler 合金的马氏体相变正是基于由高对称性晶体结构向低对称性晶体结构的变形。本章将详细讲述 Ni_2MnGa 四方变形的实现以及不同 c/a 四方结构的能量和磁矩的计算方法。

5.1　Heusler 合金 Ni_2MnGa 四方变形方法及其实现

四方变形即对优化后的 $L2_1$ 结构施加某种特定的应力，使之发生由立方结构向具有不同 c/a 四方结构的转变，并通过第一性原理计算得出应力作用后不同 c/a 四方结构的能量和磁矩[1-6]。

设基态 $L2_1$ 结构的体积为 V，晶格常数为 a_0；四方结构的晶格常数为 a 与 c，且 $c/a=1+\delta$。根据体积守恒定理，$V=a_0^3=a^2c=a^3(1+\delta)$，则四方结构的晶格参数 $a=a_0\dfrac{1}{(1+\delta)^{1/3}}$，$c=a_0\dfrac{1+\delta}{(1+\delta)^{1/3}}$。

因 $L2_1$ 结构原胞的矩阵可表示为 $a_0\begin{bmatrix} 0 & 0.5 & 0.5 \\ 0.5 & 0 & 0.5 \\ 0.5 & 0.5 & 0 \end{bmatrix}$，故变形后四方结构原胞的矩阵为

$$a_0\begin{bmatrix} 0 & \dfrac{1}{2}\dfrac{1}{(1+\delta)^{1/3}} & \dfrac{1+\delta}{2(1+\delta)^{1/3}} \\[3mm] \dfrac{1}{2}\dfrac{1}{(1+\delta)^{1/3}} & 0 & \dfrac{1+\delta}{2(1+\delta)^{1/3}} \\[3mm] \dfrac{1}{2}\dfrac{1}{(1+\delta)^{1/3}} & \dfrac{1}{2}\dfrac{1}{(1+\delta)^{1/3}} & 0 \end{bmatrix}$$

Ni_2MnGa 四方变形时，$(1+\delta)$ 可以取 1 附近的 26 个点，Ni_2MnGa 四方变形的实现如表 5.1 所示。a_0 取 $Ni_2MnGa(L2_1)$ 结构优化后的晶格常数为 5.82Å。

表 5.1　Ni$_2$MnGa 四方变形实现

δ	c/a	变形后四方结构原胞的矩阵举例
-0.10	0.90	
-0.08	0.92	
-0.07	0.93	
-0.06	0.94	
-0.05	0.95	
-0.04	0.96	$\delta=-0.10, c/a=0.90$ 时的四方结构:
-0.02	0.98	$a_0 \begin{bmatrix} 0 & 0.517872084 & 0.466084876 \\ 0.517872084 & 0 & 0.466084876 \\ 0.517872084 & 0.517872084 & 0 \end{bmatrix}$
0.00	1.00	
0.02	1.02	
0.04	1.04	$\delta=-0.02, c/a=0.98$ 时的四方结构:
0.06	1.06	$a_0 \begin{bmatrix} 0 & 0.503378481 & 0.493310911 \\ 0.503378481 & 0 & 0.493310911 \\ 0.503378481 & 0.503378481 & 0 \end{bmatrix}$
0.08	1.08	
0.10	1.10	
0.12	1.12	$\delta=0.16, c/a=1.16$ 时的四方结构:
0.14	1.14	$a_0 \begin{bmatrix} 0 & 0.475865268 & 0.552003711 \\ 0.475865268 & 0 & 0.552003711 \\ 0.475865268 & 0.475865268 & 0 \end{bmatrix}$
0.16	1.16	
0.18	1.18	
0.20	1.20	$\delta=0.26, c/a=1.26$ 时的四方结构:
0.22	1.22	$a_0 \begin{bmatrix} 0 & 0.462927687 & 0.583288886 \\ 0.462927687 & 0 & 0.583288886 \\ 0.462927687 & 0.462927687 & 0 \end{bmatrix}$
0.24	1.24	
0.26	1.26	
0.27	1.27	
0.28	1.28	
0.29	1.29	
0.30	1.30	
0.32	1.32	

5.2　Heusler 合金 Ni$_2$MnGa 四方变形过程中的能量与磁矩变化(CASTEP)

　　本节将采用 Materials Studio 平台的 CASTEP 模块计算 Heusler 合金 Ni$_2$MnGa 四方变形的能量和磁矩变化。通过改变 c/a 的值,即$(1+\delta)$取 1 附近的一系列值,分别计算相应结构的能量和磁矩,并对 c/a 作图,得到能量和磁矩与 c/a 的关系。为减少计算量,将晶胞转换成原胞进行计算。

1. 建立 Ni$_2$MnGa 四方结构($c/a=0.90$)模型

下面参见 5.1 节的介绍建立模型。

当 $\delta=-0.10$,即 $c/a=0.90$ 时,四方结构为

$$a_0\begin{bmatrix} 0 & 0.517872084 & 0.466084876 \\ 0.517872084 & 0 & 0.466084876 \\ 0.517872084 & 0.517872084 & 0 \end{bmatrix}$$

据此可以手动写出四方结构原胞的输入文件〈POSCAR〉,见源文件 5.1,并用 VESTA 软件将其转换为〈Ni2MnGa0.90.cif〉格式文件。

源文件 5.1　输入文件〈POSCAR〉

```
---------------------------------------------------------------
Ni2MnGa
5.82
     0.0            0.517872084    0.466084876
     0.517872084    0.0            0.466084876
     0.517872084    0.517872084    0.0
2 1 1
Direct
 0.75   0.75   0.75    #Ni1
 0.25   0.25   0.25    #Ni2
 0.50   0.50   0.50    #Mn
 0.00   0.00   0.00    #Ga
---------------------------------------------------------------
```

2. 建立 New Project

打开 Materials Studio 平台,建立新的工程〈New Project〉并重命名为〈Ni2MnGa〉。单击 Import 按钮,将〈Ni2MnGa0.90.cif〉导入 Materials Studio 平台,此时模型的空间群为 P1;选择 Build | Symmetry | Find Symmetry 命令,在弹出的菜单中选择 Find Symmetry 命令,找到空间群后单击 Impose Symmetry 按钮,即为四方结构施加上空间群 I4/MMM,空间群号为 139。选择 Build | Symmetry | Primitive Cell 命令,将晶胞转换成原胞。

3. Ni$_2$MnGa 四方变形 $c/a=0.90$ 能量计算

经过收敛性测试并参考相关文献,同时还要兼顾计算效率和精度,确定合适的

计算参数。下面是具体计算过程。

（1）在 Materials Studio 平台中选择 Modules | Castep | Calculation 命令，打开 CASTEP Calculation 对话框。在 Setup 选项卡中，设置 Task 为 Energy，选取 Spin polarized、Use formal spin as initial 和 Metal 复选框，选择关联泛函 GGA-PBE。

（2）选择 Electronic 选项卡，选择赝势 On the fly（即 On the fly generated pseudopotentials 势），设置截断能 Energy cutoff 为 330eV 和设置 k-points set 为 $10 \times 10 \times 12$。

（3）选择 Properties 选项卡，选取 Population analysis 复选框。CASTEP Calculation 对话框的具体设置如图 5.1 所示。

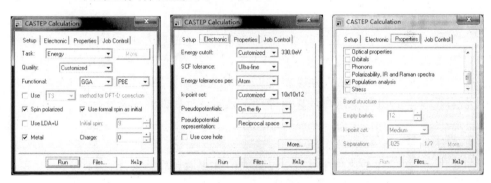

图 5.1　CASTEP Calculation 对话框的具体设置

（4）设置完成后，单击 Run 按钮，进行能量计算。

4. 提取计算结果

计算开始后自动生成一个新的文件夹，在计算过程中及结束后该新文件夹中会不断产生若干新的生成文件。计算完成时出现一个提示框提示成功，单击 OK 按钮返回主界面；打开生成文件〈Ni2MnGa0.90. castep〉，见源文件 5.2，从中可以提取计算结果语句。

源文件 5.2　生成文件〈Ni2MnGa0.90. castep〉

```
------------------------------------------------------------
......

2* Integrated Spin Density   =      4.36059
2* Integrated |Spin Density|=      4.75707

Final energy,E               =    -5132.055399590      eV
Final free energy (E-TS)     =    -5132.065077725      eV
(energies not corrected for finite basis set)
```

......

```
     Atomic Populations(Mulliken)
     ---------------------------

Species  Ion  s      p      d      f      Total   Charge(e)  Spin(hbar)
=======================================================================
  Mn      1    0.69   0.60   5.59   0.00   6.88    0.12       1.95
  Ni      1    0.72   0.99   8.78   0.00   10.49   -0.49      0.13
  Ni      2    0.72   0.99   8.78   0.00   10.49   -0.49      0.13
  Ga      1   -0.16   2.31   9.99   0.00   12.14   0.86       -0.03
=======================================================================
```

......

其中,计算出的能量为-5132.055399590eV;总磁矩为 $4.36059\mu_B$;Ni 原子贡献了磁矩 $0.52\mu_B$;Mn 原子贡献了磁矩为 $3.90\mu_B$;Ga 原子贡献了磁矩$-0.06\mu_B$。

对 c/a 从 0.90 到 1.32 的共 24 个值所对应的四方结构建立 24 个模型,导入工程〈Ni2MnGa〉并依次进行计算。计算完成后进行数据处理及分析。

5. 数据处理及分析

(1) 从 24 个生成文件中找到〈*.castep〉并提取计算结果,汇总于表 5.2。

表 5.2　生成文件〈*. castep〉中提取不同 c/a 时能量和磁矩计算数据汇总

c/a	能量/eV	总磁矩/μ_B	Ni 原子磁矩/μ_B	Mn 原子磁矩/μ_B	Ga 原子磁矩/μ_B
0.90	-5132.05540	1.95	0.52	3.9	-0.06
0.92	-5132.06768	1.96	0.52	3.92	-0.06
0.94	-5132.06933	1.96	0.56	3.92	-0.04
0.96	-5132.06555	1.97	0.52	3.94	-0.04
0.98	-5132.06406	1.97	0.52	3.94	-0.06
1.00	-5132.06427	1.97	0.48	3.94	-0.06
1.02	-5132.06395	1.97	0.52	3.94	-0.04
1.04	-5132.06500	1.97	0.52	3.94	-0.04
1.06	-5132.06759	1.96	0.56	3.92	-0.04
1.08	-5132.07054	1.96	0.6	3.92	-0.04
1.10	-5132.07600	1.96	0.6	3.92	-0.06
1.12	-5132.08375	1.95	0.64	3.90	-0.06
1.14	-5132.09118	1.95	0.64	3.90	-0.06
1.16	-5132.09778	1.94	0.64	3.88	-0.06

续表

c/a	能量/eV	总磁矩/μ_B	Ni 原子磁矩/μ_B	Mn 原子磁矩/μ_B	Ga 原子磁矩/μ_B
1.18	−5132.10379	1.94	0.64	3.88	−0.06
1.20	−5132.10812	1.93	0.64	3.86	−0.06
1.22	−5132.11117	1.93	0.64	3.86	−0.08
1.24	−5132.11283	1.92	0.60	3.84	−0.08
1.26	−5132.11267	1.91	0.60	3.82	−0.08
1.27	−5132.11193	1.91	0.56	3.82	−0.10
1.28	−5132.11082	1.91	0.56	3.82	−0.10
1.29	−5132.10916	1.90	0.52	3.80	−0.10
1.30	−5132.10706	1.90	0.52	3.80	−0.10
1.32	−5132.10104	1.90	0.52	3.80	−0.12

（2）生成散点图。将表 5.2 中的数据导入 Origin 软件中；单击表格下方操作栏上的散点绘图按钮，在对话框中选择第一列为横坐标，第二列为纵坐标，得到 Ni_2MnGa 四方变形过程中的能量变化，如图 5.2 所示。

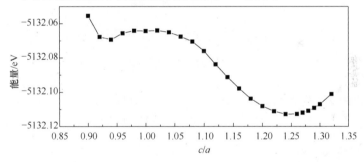

图 5.2　Ni_2MnGa 四方变形过程中的能量变化

（3）单击表格下方操作栏上的散点绘图按钮，在对话框中选择第一列为横坐标，第 3～6 列为纵坐标分别作图，单击软件界面右侧的 Merge，略微调整参数，即可得到合并后的图层。Ni_2MnGa 四方变形过程中的磁矩变化如图 5.3 所示。

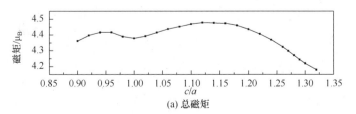

(a) 总磁矩

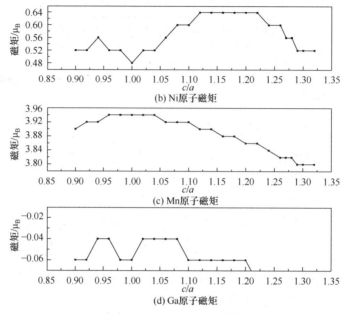

图 5.3　Ni₂MnGa 四方变形过程中的磁矩变化

5.3　Heusler 合金 Ni₂MnGa 四方变形过程中的能量与磁矩变化（VASP）

本节的计算思想和 5.2 节相同，采用 VASP 软件计算 Heusler 合金 Ni₂MnGa 四方变形过程中的能量与磁矩变化，详细计算过程如下。

1. 准备输入文件

建立〈Ni2MnGa0.90-1.32〉文件夹，在该路径下建立 VASP 的四个输入文件〈POSCAR〉、〈POTCAR〉、〈KPOINTS〉、〈INCAR〉。其中，输入文件〈POTCAR〉复制 4.2 节已存档的文件即可；输入文件〈KPOINTS〉中 k 点设置为 $9 \times 9 \times 9$；输入文件〈INCAR〉复制 4.2 节的源文件 4.3 即可；输入文件〈POSCAR〉将由下面编写的脚本程序自动生成。

2. 编写脚本文件〈run. sh〉

编写的自动改变 c/a 进行计算的脚本文件〈run. sh〉见源文件 5.3。将 c/a 依次设为 0.90、0.92、0.93、0.94、0.95、0.96、0.98、1.00、1.02、1.04、1.06、1.08、1.10、1.12、1.14、1.16、1.18、1.20、1.22、1.24、1.26、1.27、1.28、1.29、1.30、1.32 共 26 个点进行计算。

源文件 5.3　脚本文件〈run. sh〉

```
--------------------------------------------------------
rm WAVECAR
for i in 0.90 0.92 0.93 0.94 0.95 0.96 0.98 1.00 1.02 1.04 1.06 1.08 1.10 1.12 1.14
1.16 1.18 1.20 1.22 1.24 1.26 1.27 1.28 1.29 1.30 1.32
do
m=$ (echo"0.5*e(-1/3.0*l($ i))"|bc-l)
n=$ (echo "0.5*e(2/3.0*l($ i))"|bc-l)
#calculated according to the formula
cat>POSCAR<<!
tetragonal:
    5.82
  0.0 $m  $n
  $m 0.0 $n
  $m $m  0.0
   2    1   1
Direct
  0.2500000000000000    0.2500000000000000    0.2500000000000000
  0.7500000000000000    0.7500000000000000    0.7500000000000000
  0.5000000000000000    0.5000000000000000    0.5000000000000000
  0.0000000000000000    0.0000000000000000    0.0000000000000000
!
# generate POSCAR
echo "a=$i" ;mpirun-np 16 vasp
E='tail-1 OSZICAR';echo $i $E>>SUMMARY. fcc
# output the necesarry data
done
cat SUMMARY. fcc
rm WAVECAR
--------------------------------------------------------
```

　　编写好脚本之后,在终端中输入如下指令:

　　chmod,+x,./run. sh

以赋予 run. sh 文件可执行权限。

　　如果该脚本是在 Windows 系统下编写的,在输入上述指令前需输入如下指令:

　　dos2unix,./run. sh

以使 Windows 系统下编写的文件能被 Linux 系统正常识别。

在终端中输入如下指令：

./run. sh

计算进行中会对 c/a 从 0.90 到 1.32 的共 26 个值所对应的四方结构进行能量和磁矩计算。

3. 提取计算结果

能量计算结果会自动汇总到输出文件〈SUMMARY. fcc〉中，它记录了不同 c/a 时的总能量数据，见源文件 5.4。

源文件 5.4　输出文件〈SUMMARY. fcc〉

```
0.90   1F=-.24273399E+02   E0=-.24274150E+02   dE=0.225243E-02    mag=4.1565
0.92   1F=-.24286897E+02   E0=-.24287781E+02   dE=0.265063E-02    mag=4.1669
0.93   1F=-.24290506E+02   E0=-.24291200E+02   dE=0.208112E-02    mag=4.1601
0.94   1F=-.24292777E+02   E0=-.24293189E+02   dE=0.123757E-02    mag=4.1490
0.95   1F=-.24294057E+02   E0=-.24294183E+02   dE=0.377074E-03    mag=4.1368
0.96   1F=-.24294777E+02   E0=-.24294666E+02   dE=-.333818E-03    mag=4.1254
0.98   1F=-.24295376E+02   E0=-.24294957E+02   dE=-.125781E-02    mag=4.1093
1.00   1F=-.24295490E+02   E0=-.24294932E+02   dE=-.167539E-02    mag=4.1039
1.02   1F=-.24295355E+02   E0=-.24294938E+02   dE=-.125122E-02    mag=4.1107
1.04   1F=-.24295093E+02   E0=-.24294684E+02   dE=-.122740E-02    mag=4.1340
1.06   1F=-.24294691E+02   E0=-.24293852E+02   dE=-.251862E-02    mag=4.1612
1.08   1F=-.24294772E+02   E0=-.24293493E+02   dE=-.383729E-02    mag=4.1748
1.10   1F=-.24295665E+02   E0=-.24294421E+02   dE=-.373193E-02    mag=4.1791
1.12   1F=-.24297329E+02   E0=-.24296452E+02   dE=-.263105E-02    mag=4.1845
1.14   1F=-.24299683E+02   E0=-.24299137E+02   dE=-.163900E-02    mag=4.1942
1.16   1F=-.24302541E+02   E0=-.24302190E+02   dE=-.105266E-02    mag=4.2047
1.18   1F=-.24305711E+02   E0=-.24305643E+02   dE=-.203313E-03    mag=4.2096
1.20   1F=-.24308573E+02   E0=-.24308762E+02   dE=0.566460E-03    mag=4.2012
1.22   1F=-.24310588E+02   E0=-.24310919E+02   dE=0.992377E-03    mag=4.1806
1.24   1F=-.24311582E+02   E0=-.24312147E+02   dE=0.169418E-02    mag=4.1549
1.26   1F=-.24311250E+02   E0=-.24312188E+02   dE=0.281518E-02    mag=4.1270
1.27   1F=-.24309877E+02   E0=-.24310956E+02   dE=0.323929E-02    mag=4.1146
1.28   1F=-.24308333E+02   E0=-.24309514E+02   dE=0.354374E-02    mag=4.1042
1.29   1F=-.24306151E+02   E0=-.24307425E+02   dE=0.382246E-02    mag=4.0954
1.30   1F=-.24303279E+02   E0=-.24304661E+02   dE=0.414533E-02    mag=4.0876
1.32   1F=-.24295240E+02   E0=-.24296835E+02   dE=0.478326E-02    mag=4.0712
```

　　磁矩的计算结果可从输出文件〈OUTCAR〉中提取。例如, $c/a=1.32$ 的输出文件〈OUTCAR〉见源文件 5.5, 其中给出了 Ni1、Ni2、Mn、Ga 原子的磁矩以及总磁矩。

源文件 5.5　输出文件〈OUTCAR〉

```
------------------------------------------------------------
......

magnetization (x)
#of ion    s        p        d       tot
------------------------------------------------------------

   1     -0.016   -0.020    0.412    0.375      //Ni1
   2     -0.016   -0.020    0.411    0.374      //Ni2
   3      0.029    0.015    3.277    3.321      //Mn
   4     -0.017   -0.072    0.004   -0.085      //Ga
------------------------------------------------------------

tot     -0.020   -0.098    4.103    3.986      //总磁矩
......

------------------------------------------------------------
```

　　将 $c/a=0.90$ 至 1.32 的所有各原子磁矩和总磁矩进行汇总, 如表 5.3 所示。

表 5.3　输出文件〈OUTCAR〉中提取不同 c/a 时磁矩计算数据汇总

c/a	Ni 原子磁矩/μ_B	Mn 原子磁矩/μ_B	Ga 原子磁矩/μ_B	总磁矩/μ_B
0.90	0.370	3.387	−0.073	4.053
0.92	0.370	3.396	−0.073	4.063
0.93	0.366	3.398	−0.074	4.056
0.94	0.360	3.400	−0.074	4.045
0.95	0.353	3.401	−0.075	4.033
0.96	0.348	3.402	−0.075	4.022
0.98	0.340	3.403	−0.075	4.007
1.00	0.337	3.403	−0.076	4.001
1.02	0.340	3.403	−0.075	4.008
1.04	0.350	3.404	−0.074	4.030
1.06	0.363	3.404	−0.073	4.057
1.08	0.372	3.401	−0.074	4.071
1.10	0.379	3.394	−0.075	4.077
1.12	0.386	3.387	−0.076	4.083
1.14	0.396	3.379	−0.077	4.094

c/a	Ni 原子磁矩/μ_B	Mn 原子磁矩/μ_B	Ga 原子磁矩/μ_B	总磁矩/μ_B
1.16	0.405	3.372	−0.077	4.106
1.18	0.413	3.363	−0.077	4.112
1.20	0.415	3.354	−0.078	4.106
1.22	0.412	3.343	−0.080	4.088
1.24	0.406	3.334	−0.082	4.063
1.26	0.397	3.328	−0.084	4.037
1.27	0.393	3.325	−0.085	4.026
1.28	0.389	3.324	−0.085	4.016
1.29	0.386	3.322	−0.085	4.007
1.30	0.382	3.322	−0.085	3.999
1.32	0.375	3.321	−0.085	3.986

4. 数据处理及分析

（1）生成能量变化散点图。将源文件 5.4 中第一列 c/a 和第二列能量 1F 的数据导入 Origin 软件，数据输入 book1 表格中，$A(X)$ 列为 c/a，$B(Y)$ 列为 1F。单击表格下方操作栏上的散点绘图按钮 ▨，在对话框中选择以 c/a 为横坐标、1F 为纵坐标进行绘图，得到 Ni_2MnGa 四方变形过程中的能量变化如图 5.4 所示。

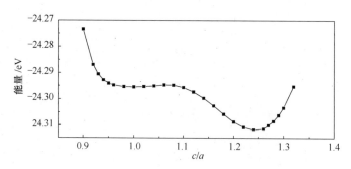

图 5.4　Ni_2MnGa 四方变形过程中的能量变化

（2）生成磁矩变化散点图。将表 5.3 中所有五列的数据导入 Origin 软件，即将数据输入到 book1 表格中，$A(X)$ 列为 c/a，$B(Y)$ 列为 Ni 原子磁矩，$C(Y)$ 列为 Mn 原子磁矩，$D(Y)$ 列为 Ga 原子磁矩，$E(Y)$ 列为总磁矩。单击表格下方操作栏上的散点绘图按钮 ▨，在打开的对话框中选择以 c/a 为横坐标，分别以 Ni 原子磁矩、Mn 原子磁矩、Ga 原子磁矩、总磁矩为纵坐标进行绘图，得到 Ni_2MnGa 四方变形过程中的磁矩变化情况，如图 5.5 所示。

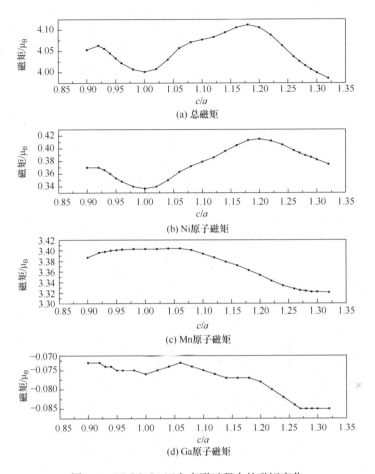

图 5.5　Ni_2MnGa 四方变形过程中的磁矩变化

5.4　Heusler 合金 Ni_2MnGa 四方变形过程中的能量与磁矩变化(ELK)

本节的计算思想和 5.2 节相同,在此采用 ELK 软件计算 Heusler 合金 Ni_2MnGa 四方变形过程中的能量与磁矩变化,详细计算过程如下。

1. 建立 22 个文件夹

计算 $c/a=0.90$ 到 1.32 范围内共 22 个值的能量和磁矩。在此建立 22 个文件夹,分别命名为〈Ni2MnGa0.90〉、〈Ni2MnGa0.92〉、〈Ni2MnGa0.94〉、〈Ni2MnGa0.96〉、〈Ni2MnGa0.98〉、〈Ni2MnGa1.00〉、〈Ni2MnGa1.02〉、〈Ni2MnGa1.04〉、〈Ni2MnGa1.06〉、〈Ni2MnGa1.08〉、〈Ni2MnGa1.10〉、

〈Ni2MnGa1.12〉、〈Ni2MnGa1.14〉、〈Ni2MnGa1.16〉、〈Ni2MnGa1.18〉、〈Ni2MnGa1.2〉、〈Ni2MnGa1.22〉、〈Ni2MnGa1.24〉、〈Ni2MnGa1.26〉、〈Ni2MnGa1.28〉、〈Ni2MnGa1.3〉、〈Ni2MnGa1.32〉，文件夹名称中的数字对应于将计算的不同 c/a 值。

2. 准备输入文件

在文件夹〈Ni2MnGa0.90〉中建立输入文件〈elk.in〉，见源文件 5.6，其中点阵矢量缩放因子 scale 取 11（晶格常数 5.82Å/0.52917721092Å＝11，转换为原子单位）；基矢 avec 为 $c/a＝0.9$ 的四方结构所对应的参数，可以从相应的〈POSCAR〉文件中的基矢中复制而得。

源文件 5.6　　输入文件〈ELK.in〉

```
----------------------------------------------------------------
elk.in
----------------------------------------------------------------
tasks        //任务，具体计算任务对应的数字可以从 ELK 手册中查到
0            //即进行基态最基本性质的计算
Latvopt      //指定弛豫的类型
1            //当 tasks 为 2 或 3 时表示无约束优化，此处不起作用
Xctype       //选择计算使用的交换关联泛函，数字所对应的泛函可以从手册中查到
21           //经测试，发现该修正 GGA 泛函计算结果较好
epsengy      //总能收敛的标准
1E-7
lmaxmat      //在最外层结构的哈密顿和重叠矩阵设置中的角动量截断值
8            //此处为测试值
lmaxvr       //muffin-tin 密度的角动量截断值
8            //此处为测试值
lmaxapw      //APW 函数的角动量截断值
8            //此处为测试值
gmaxvr       //为扩大间隙密度和电位的 G 的最大长度
18           //此处为测试值
rgkmax       //设置 G＋K 向量的最大长度
7.45         //此处为测试值
spinpol      //需要考虑自选极化的情况下设置为.true.
  .true.
! small field along z to break symmetry
bfieldc      //直角坐标系下的全局外部磁场
  0.0 0.0 0.005
scale        //点阵矢量缩放因子
```

```
    11
avec
   0.0    0.517872084    0.466084876
   0.517872084    0.0    0.466084876
   0.517872084    0.517872084    0.0
atoms        //原子信息
   3                                           #原子种类数
   'Ni. in'                                    #原子名
   2                                           #数量
   0.25 0.25 0.25      0.0   0.0   0.0         #位置
   0.75 0.75 0.75      0.0   0.0   0.0
   'Mn. in'
   1
   0.5 0.5 0.5      0.0   0.0   0.0
   'Ga. in'
   1
   0.0 0.0 0.0      0.0   0.0   0.0
sppath       //势文件 species 的路径
   '../../species/'
nempty       //每个原子的自旋和空状态数
   8
ngridk    //k 点网格尺寸
   6   6   6
```

---

3. 进行 ELK 计算

ELK 需要运行于 Linux 操作系统下,运行指令为

@:mpirun -np n ./elk

其中,n 是计算机中可用到的核的总数。

4. 提取计算结果

计算完成后,在输出文件〈INFO. OUT〉中可以提取能量和磁矩计算值,见源文件 5.7。

源文件 5.7 输出文件〈INFO. OUT〉

```
…

+-------------------+
| Loop number :   73        |
```

```
+-------------------+
```

Energies :

Fermi	:	0. 318659149694
sum of eigenvalues	:	- 3530. 51670012
electron kinetic	:	6246. 47979595
core electron kinetic	:	5676. 44430968
Coulomb	:	-12135. 6092819
Coulomb potential	:	- 9445. 17980135
nuclear-nuclear	:	-805. 397542864
electron-nuclear	:	-13215. 2436768
Hartree	:	1885. 03193773
Madelung	:	- 7413. 01938127
xc potential	:	-331. 590300502
xc effective B-field	:	- 0. 230822309798
external B-field	:	- 0. 749201592266E- 04
exchange	:	-250. 555943958
correlation	:	- 5. 34186655243
electron entropic	:	- 0. 234516977602E- 03
total energy	:	- 6145. 02822

(external B-field energy excluded from total)

Density of states at Fermi energy : 71. 99046097
(states/Hartree/unit cell)

Estimated indirect band gap : 0. 1266635225E- 02
from k-point 27 to k-point 16
Estimated direct band gap : 0. 2622825548E- 02
at k-point 27

Charges :

core	:	52. 00000000	
valence	:	60. 00000000	
interstitial	:	3. 909974760	
muffin-tins (core leakage)			
species : 1 (Ni)			
atom 1	:	27. 25810423	(0. 3833529151E- 03)
atom 2	:	27. 25810423	(0. 3833529151E- 03)
species: 2 (Mn)			
atom 1	:	23. 83031745	(0. 5409006576E- 10)
species: 3 (Ga)			

```
 atom    1                       :    29.74349934     (0.9293553925E-03)
 total in muffin-tins            :    108.0900252
 total charge                    :    112.0000000
Moments :
 interstitial                    : - 0.2930635899E-03
 muffin-tins
  species :    1 (Ni)
   atom    1                     : - 0.3847044620
   atom    2                     : - 0.3847044620
  species :    2 (Mn)
   atom    1                     : - 3.379296963
  species :    3 (Ga)
   atom    1                     :   0.4705221606E-01
 total in muffin- tins           : - 4.101653671
 total moment                    : - 4.101946735
+-----------------------------+
| Self-consistent loop stopped     |
+-----------------------------+
 ...
 ---------------------------------------------------------------
```

5. 数据处理及分析

依次对 c/a 从 0.90 到 1.32 的共 22 个文件夹进行计算，对基矢 avec 进行相应的修改，分别计算出能量和磁矩，在输出文件〈INFO. OUT〉中提取不同 c/a 时能量和磁矩计算数据，汇总如表 5.4 所示。用 Origin 软件作图，得到 Ni_2MnGa 四方变形过程中的能量变化情况(图 5.6)和磁矩变化情况(图 5.7)。

表 5.4　磁矩与 c/a 的关系

c/a	能量/eV	总磁矩/μ_B	Ni 原子磁矩/μ_B	Mn 原子磁矩/μ_B	Ga 原子磁矩/μ_B
0.90	−6145.02822	4.10195	0.38470	3.37930	−0.04705
0.92	−6145.02853	4.09002	0.37344	3.38868	−0.04667
0.93	—	4.11112	0.37939	3.39511	−0.04527
0.94	−6145.02863	4.11594	0.37970	3.39882	−0.04504
0.95	—	4.06764	0.35936	3.39509	−0.04711
0.96	−6145.02860	4.00235	0.33361	3.38680	−0.04977
0.98	−6145.02863	3.84406	0.27199	3.36801	−0.05683
1.00	−6145.02853	3.81546	0.26060	3.36606	−0.05836

续表

c/a	能量/eV	总磁矩/μ_B	Ni 原子磁矩/μ_B	Mn 原子磁矩/μ_B	Ga 原子磁矩/μ_B
1.02	−6145.02867	3.83189	0.26755	3.36617	−0.05738
1.04	−6145.02858	3.95637	0.31601	3.38018	−0.05147
1.06	−6145.02849	4.11177	0.37633	3.40055	−0.04572
1.08	−6145.02832	4.16881	0.40264	3.40251	−0.04484
1.10	−6145.02862	4.21527	0.42653	3.40155	−0.04497
1.12	−6145.02895	4.28015	0.45701	3.40149	−0.04324
1.14	−6145.02941	4.29302	0.46666	3.39678	−0.04390
1.16	−6145.02981	4.28254	0.46432	3.39356	−0.04567
1.18	−6145.03032	4.21544	0.44548	3.37282	−0.05010
1.20	−6145.03056	4.17627	0.43701	3.35723	−0.05281
1.22	−6145.03084	4.14504	0.43029	3.34542	−0.05514
1.24	−6145.03113	4.12838	0.42776	3.33677	−0.05622
1.26	−6145.03115	4.12387	0.42659	3.33236	−0.05511
1.27	—	4.10980	0.42073	3.32962	−0.05502
1.28	−6145.03122	4.09054	0.41259	3.32744	0.05560
1.29	—	4.07456	0.40499	3.32770	−0.05646
1.30	−6145.03111	4.06318	0.39825	3.33062	−0.05729
1.32	−6145.03099	4.07598	0.39581	3.34144	−0.05509

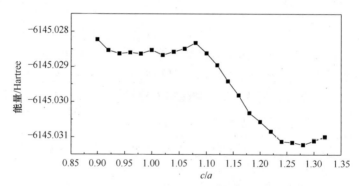

图 5.6 Ni$_2$MnGa 四方变形过程中的能量变化

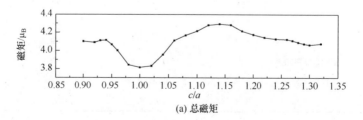

(a) 总磁矩

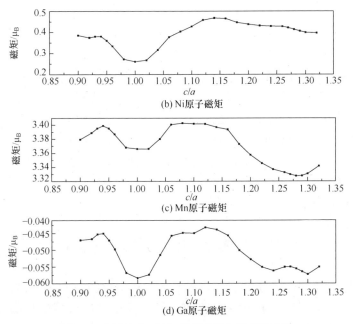

图 5.7　Ni_2MnGa 四方变形过程中的磁矩变化

通过对 Ni_2MnGa 四方变形过程中的能量变化计算研究发现, Ni_2MnGa 四方变形过程中的能量变化存在两个极小值: 一个局域能量最低点在 $c/a=1.00$ 附近, 另一个全局能量最低点在 $c/a=1.26$ 附近。

通过对 Ni_2MnGa 四方变形过程中的磁矩变化计算研究发现, 磁矩的变化趋势与 Ni 的磁矩变化趋势相似, 原胞中两个 Ni 原子的影响占主导作用; Ni_2MnGa 总磁矩的主要贡献者是 Mn, 其次是 Ni, 而 Ga 的磁矩为接近零的负值, 所以贡献不大。

参 考 文 献

[1] Alippi P, Marcus P M, Scheffler M. Strained tetragonal states and Bain paths in metals[J]. Physical Review Letters, 1997, 78(20): 3892-3895.

[2] Marcus P M, Alippi P. Tetragonal states from epitaxial strain on metal films[J]. Physical Review B, 1998, 57(3): 1971-1975.

[3] Godlevsky V V, Rabe K M. Soft tetragonal distortions in ferromagnetic Ni_2MnGa and related materials from first principles[J]. Physical Review B, 2001, 63(13): 134407-1-134407-5.

[4] Ayuela A, Enkovaara J, Nieminen R M. Ab initio study of tetragonal variants in Ni_2MnGa alloy[J]. Journal of Physics: Condensed Matter. 2002, 14(21): 5325-5336.

[5] Galanakis I, Sasioglu E. Variation of the magnetic properties of Ni_2MnGa Heusler alloy upon tetragonalization: A first-principles study[J]. Journal of Physics D: Applied Physics, 2011, 44(23): 235001-1-235001-6.

[6] Zeleny M, Sozinov A, Straka L, et al. First-principles study of Co- and Cu-doped Ni_2MnGa along the tetragonal deformation path[J]. Physical Review B, 2014, 89(18): 184103-1-184103-9.

第6章　Heusler 合金的结构优化

结构优化是第一性原理计算的关键环节,其意义是确定能量极小值所对应的平衡结构参数,也为后续的计算打好基础。充分的结构优化,是电子结构计算、弹性性质计算、声子谱计算可靠性和准确性的重要保障。本章将详细介绍晶体结构优化的理论基础,并分别采用 CASTEP、VASP 软件对 Heusler 合金 Ni_2MnGa（L2$_1$）结构和 Ni_2MnGa（四方）结构进行结构优化。

6.1　晶体结构优化的理论基础

本节介绍利用第一性原理计算进行晶体结构优化的理论基础、晶体结构优化的内涵,以及如何实现结构优化等内容。结构优化方法包括牛顿法（Newton's method）、拟牛顿法（quasi-Newton method）、共轭梯度法（conjugate gradient）等。

6.1.1　晶体结构与晶体结构优化

1. 晶体结构

晶体结构由点阵和基元共同组成,即晶体结构＝点阵＋基元。

描述一个晶体的点阵需要两个基本要素:一个是晶体的晶胞尺寸,包括三个轴的长度 (a, b, c) 以及三个轴两两之间的夹角 (α, β, γ);另一个是晶胞中基元所处格点的坐标,该坐标既可以用绝对坐标也可以用相对坐标来表示,一般用相对于晶胞三个轴的坐标表示更加方便和直观。要构成晶体结构只有点阵还不够,它仅是晶胞的"框架",还需要摆放上基元（可以是原子、分子、离子、原子团或离子团）,这样才组成完整的晶体结构。

2. 晶体结构优化的内涵

在晶体结构优化过程中,点阵的两个基本要素——晶胞尺寸和基元坐标都在进行优化（除非特别固定的某些参数）。这是因为晶胞尺寸的改变,使得内部原子间的受力也会跟着改变,为使整个晶体结构能够达到变形后新的基态,基元的位置也会随着晶胞尺寸的变化而变化。

第2章已经讨论过与晶体结构优化有关的一些问题。简单而言,结构优化就是按照一定的算法,基于合适的判据,对材料的结构参数进行改变的一种计算。结构优化的目的在于得到在计算软件这种环境下晶体的稳定结构。

6.1.2　实例:体心立方 Fe 的晶格常数优化与结构优化

1. 晶格常数优化

下面通过一个简单的例子来阐述实际计算中是如何实现晶格常数的优化的。

图 6.1 所示是体心立方 Fe 的晶体结构。立方结构(cubic)是晶体结构中最简单的结构,其晶格参数符合 $a=b=c, \alpha=\beta=\gamma=90°$,也就是说,立方结构的晶格参数只有一个自由度——晶格常数 a。要得到体心立方 Fe 的平衡结构,可以采用如下步骤。

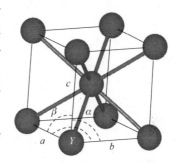

图 6.1　体心立方 Fe 的晶胞

(1) 建立体心立方 Fe 的晶胞。建模采用已有的实验值($a=2.87$Å),再人为地给定一个变化。例如,在$[(1-0.01)a,(1+0.01)a]$的范围进行变化,变化的步长为 $0.002a$,这样就得到了 11 个不同晶格常数的体心立方 Fe 的晶胞模型。

(2) 将这 11 个晶胞模型分别用第一性原理计算软件进行结构优化,计算总能。由于这里的结构优化要固定晶格常数,所以只优化原子位置。满足优化的判据(如受力条件)后,再对这 11 个优化后的晶胞分别进行一次自洽运算,得到各自的总能。需要说明的是,11 个晶胞进行结构优化后原子位置和优化前的完全一样。这是因为选取的计算对象体心立方 Fe 中共有两个原子,分别位于立方晶体结构的顶点(0,0,0)和中心(0.5,0.5,0.5)。虽然晶胞的 a 轴长度发生了改变,但立方晶体结构的特征并没有改变。对体心立方结构来说,顶点和中心这两个位置是使总能量最低的两个特征点,所以优化后的原子位置和优化前的一样。换句话说,甚至都不用进行原子位置优化这一步骤,直接进行一次自洽计算得到能量即可。但是,这种现象只对于非常简单的结构才会出现,如这里讨论的立方结构,而对于稍微复杂的结构,原子位置优化前后一般是不同的,所以,原子位置的优化仍然必不可少。

(3) 得到 11 个晶胞的总能后,将 $E(a)$ 与 a 关系画出来并找出 11 个晶胞中能量最低的晶胞所对应的晶格常数,如图 6-2 所示,$a=2.75$Å 就是体心立方 Fe 的基态晶格常数。然而,如果取的晶胞结构不多,例如取 6 个,这时能量最低点对应的晶格常数就是 2.81Å。所以,为了使结果更加可靠,取的晶胞结构个数应尽可能多。有时还可以用已有的数据进行一些拟合来求晶格常数,例如,图 6.2 中的 11 个数据点比较符合抛物线的规律,进行二次拟合,抛物线最低点对应的横坐标 $a=$ 2.79Å 就是基态的晶格常数。

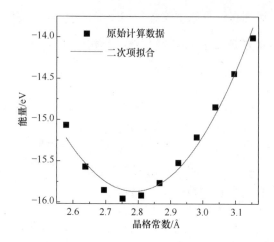

图 6.2　体心立方 Fe 的晶胞能量和晶格常数的关系

　　值得一提的是,上面计算晶格常数的方法是找出晶胞在软件这种虚拟环境中的基态,利用软件计算出来的数据还可以计算晶胞在真实环境中的基态。这时就不能再用找最低点或者抛物线的方法,而必须用状态方程(equation of states,EOS)。状态方程是一种描述系统中若干状态变量之间关系的方程。例如,人们熟知的 $PV=nRT$ 就是描述气体状态的方程,其中的 P、V 和 T 分别是压力、体积和温度。对固体来说,可以用 Birch-Murnaghan(B-M)状态方程来拟合体心立方 Fe 在真实环境中的平衡体积。B-M 状态方程的表达式如下:

$$E(V) = E_0 + \frac{9V_0 B_0}{16}\left\{ \left[\left(\frac{V_0}{V}\right)^{\frac{2}{3}} - 1 \right]^3 B_0' + \left[\left(\frac{V_0}{V}\right)^{\frac{2}{3}} - 1 \right]^2 \left[6 - 4\left(\frac{V_0}{V}\right)^{\frac{2}{3}} \right] \right\} \quad (6\text{-}1)$$

式中,V_0 是平衡体积;E_0 是晶体处于平衡体积时对应的能量;B_0 是体积模量;B_0' 是体积模量的导数。这些物理量都可以利用该方程拟合得到。先将 11 组 $E(a)\text{-}a$ 数据利用 B-M 方程拟合得到体心立方铁的平衡体积 V_0,然后对其开三次方得到其晶格常数 $a=2.76\text{Å}$,拟合得到的晶格常数与体心立方铁的实验值(2.87Å)仅相差约 0.1Å。

2. 结构优化

　　对于体心立方这样的简单结构,利用上述方法计算晶格常数是比较简单的,这是因为体心立方的晶体结构只有一个自由度。如果研究的晶体结构比较复杂,则计算过程就会烦琐很多。例如,六方结构的晶格常数具有 $a=b\neq c$、$\alpha=\beta=90°$、$\gamma=120°$ 的特征,其晶格常数有两个自由度,即 a 和 c。对六方结构进行结构优化仍然基于上述对体心立方结构优化的思路,但这时就需要兼顾两个自由度的变化。如果晶体结构再复杂一些,如自由度上升到三个甚至更多,那么优化的过程就更加烦琐了,如果靠人工的方法进行结构优化将会耗费太多的时间和精力,还容易出错。这时,可以依靠软件来协助进行结构优化。

目前,绝大多数的第一性原理计算软件都具备结构优化的功能。用户只需提供初始的晶体结构,并进行一些基本的设置,就可以利用软件一次性或仅需很少次数即可实现结构优化。下面仍以体心立方 Fe 为例来进行说明。

使用第一性原理计算软件 VASP 建模时,Fe 的初始晶胞结构参数采用实验值 $(a=2.87\text{Å})$,输入文件〈INCAR〉中与结构优化密切相关的参数主要有五个,分别是 ISIF、IBRION、POTIM、NSW 和 EDIFFG。

（1）ISIF 和 IBRION 是用来控制晶胞尺寸变化以及晶胞中原子运动方式的参数,相对于另外三个参数,它们与结构优化的关系更加紧密。在计算中,ISIF 和 IBRION 分别设置为 3 和 2,表示 Fe 的晶胞尺寸要变化,并且其中的原子位置也随着一起变化。

（2）POTIM 并没有确切的物理意义,它在 VASP 计算中仅起到"调节"的作用。在结构优化时如果很难收敛,则可以通过调整 POTIM 的大小来帮助实现优化的快速收敛。因此,只要最终的结果可以收敛,不同的 POTIM 得到的结果是相同的,即 POTIM 的取值对计算结果没有影响。

（3）EDIFFG 是收敛判据。可以设 EDIFFG$=-0.02$,表示晶胞中各原子间的残余受力小于 0.02eV/Å(该参数也可以设置为正值,为正值时表示的不是受力而是能量,具体含义参看 VASP 手册)。当判据得到满足时,收敛结束;若判据没得到满足,需开始新的计算。为防止多次重复流程后结构优化仍然不能收敛,需要指定一个重复的次数,这个次数就是由 NSW 指定的。如果重复 NSW 指定的次数还不能满足收敛的条件,则优化失败并结束。

优化后体心立方 Fe 的晶格常数为 $a=2.76\text{Å}$,与上述用拟合方法得到的结果非常接近,说明使用软件直接进行结构优化仍然能得到较好的精度。

通过仔细分析软件 VASP 优化后的输出文件〈OUTCAR〉,发现结构优化的流程完全不同,如图 6.3 所示。VASP 结构优化流程如下。

（1）将初始的晶体结构输入软件中,先对该结构进行自洽计算(图中虚线框中就是自洽计算的流程)。

（2）自洽计算结束后,判断该结构是否满足结构优化的收敛判据。如果满足设定的判据,那么结构优化即告结束;如果判据不能被满足,那么就将初始的晶胞尺寸以及其中的原子位置按照一定的规则进行变化,生成一个新的晶体结构,再从头开始执行结构优化的整个流程,直到结构优化的判据得到满足。

6.1.3　优化方法简介

前面提到"如果判据不能被满足,那么就将初始的晶胞尺寸以及其中的原子位

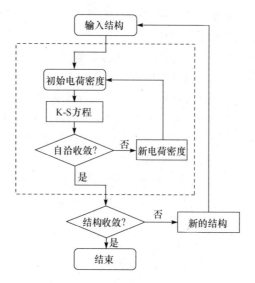

图 6.3　VASP 结构优化流程

置按照一定的规则进行变化,生成一个新的晶体结构",而这个规则正是利用软件进行结构优化的关键所在。在第一性原理计算中,这些规则包括牛顿法、拟牛顿法

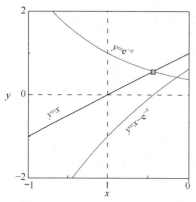

图 6.4　方程 $f(x)=x-e^{-x}$ 几何图示

和共轭梯度法等。优化方法本身是一门非常重要且有用的科学,在此不作详细阐述,有兴趣的读者可以参考其他资料[1]。

　　下面简要叙述二分法和牛顿法,以阐明优化方法的重要性。这一部分的讨论是基于文献[2]中相关叙述整理而成的。

　　现有方程 $f(x)=x-e^{-x}$,当 $f(x)=0$ 时有解 $x\approx0.567$。这个方程可以用图 6.4 来表示,其几何意义就是求 $y=x$ 和 $y=e^{-x}$ 这两条线交点的横坐标。下面分别介绍如何使用二分法和牛顿法来进行求解。

1. 二分法

使用二分法解方程的具体过程如下。

　　(1) 给出一个包含方程解的数值范围,例如,对于方程 $f(x)=x-e^{-x}$,从图中可以大致看出 $f(x)=0$ 的解在 0 和 1 之间;计算 $f(0)\times f(1)$,如果 $f(0)\times f(1)$ 的值小于 0,则说明方程的解确实在 0 和 1 之间。

　　(2) 取 0 和 1 的中点 0.5,分别计算 $f(0)\times f(0.5)$ 和 $f(0.5)\times f(1)$ 的值,结

果发现二者分别为正值和负值,说明方程的解在 0.5 和 1 之间,这样就把方程解的范围从 0~1 缩小到了 0.5~1。

(3) 按照步骤(2)的方法在 0.5 和 1 之间取中点继续缩小方程解所在的范围,直到前后两次得到的解满足一定的精度要求。

表 6.1 中列出了利用二分法解方程 $f(x)=x-e^{-x}=0$ 的具体步骤。如果以前后两次解的差 $|x_{n+1}-x_n|<0.001$ 作为收敛的判据,则利用二分法共需要 14 步才能求解成功。

表 6.1　利用二分法和牛顿法解方程 $f(x)=x-e^{-x}=0$ 的迭代过程

二分法(初始值 0.5)		牛顿法(初始值 0.5)		牛顿法(初始值 5)	
n	x_n	k	x_k	k	x_k
0	0.5	0	0.5	0	5
1	0.75	1	0.57102	1	4.16779
2	0.625	2	0.56716	2	3.36429
3	0.5625	3	0.56714	3	2.60135
4	0.59375			4	1.89962
5	0.57813			5	1.29609
6	0.57031			6	0.85077
7	0.56641			7	0.62185
8	0.56836			8	0.56950
9	0.56738			9	0.56715
10	0.56689			10	0.56714
11	0.56714				
12	0.56726				
13	0.56720				

2. 牛顿法

除了二分法,牛顿法也可以用来解该方程。牛顿法的基本思想是:已知方程 $f(x)=0$ 有近似解 x_k(设定 $f(x)$ 的一阶导数 $f'(x_k)\neq 0$),将 $f(x)$ 在 x_k 处展开,则有

$$f(x)\approx f(x_k)+f'(x_k)(x-x_k) \tag{6-2}$$

于是,方程 $f(x)=0$ 可以近似地表示为

$$f(x_k)+f'(x_k)(x-x_k)=0 \tag{6-3}$$

这是一个线性方程,若该方程的解为 x_{k+1},则 x_{k+1} 可表示为

$$x_{k+1} = x_k - \frac{f(x_k)}{f'(x_k)}, \quad k = 0, 1, \cdots \tag{6-4}$$

如果 x_k 和 x_{k+1} 的差值满足一定的收敛精度,则方程得解。

　　牛顿法可以用图 6.5 来理解。方程 $f(x) = 0$ 的精确解 x^* 即 $f(x)$ 与 x 轴的交点,设 x_k 是 x^* 的一个近似值,过曲线 $y = f(x)$ 上横坐标为 x_k 的点引切线,则与 x 轴的交点为 x_{k+1},也就是方程(6-4)的解,该交点 x_{k+1} 为 x^* 新的近似解。过曲线 $y = f(x)$ 上横坐标为 x_{k+1} 的点继续作切线,得到新的近似解。如此不断地重复,直到满足判据为止。

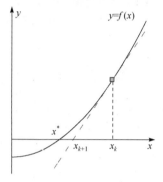

图 6.5　牛顿法的几何理解

　　基于牛顿法,来看看如何求解方程 $f(x) = x - e^{-x} = 0$。

　　(1) 求得 $f(x)$ 的一阶导数:

$$f'(x) = 1 + e^{-x} = 1 + x \tag{6-5}$$

于是,根据方程(6-4)可得

$$x_{k+1} = x_k - \frac{x_k - e^{-x_k}}{1 + x_k} \tag{6-6}$$

　　(2) 分别选取 0.5 和 5 作为 x_k 的初始值,表 6-1 中列出了按照牛顿法解方程 $f(x) = x - e^{-x} = 0$ 时的具体步骤,收敛精度的判据仍然为 $|x_{k+1} - x_k| < 0.001$。

3. 二分法与牛顿法的比较

　　由表 6.1 可以看到,二分法需要 14 步才能成功求解;牛顿法(初始值 0.5)则只需 4 步就能成功求解;牛顿法(初始值 5)即便将初始值设置得与真实值有很大偏离,也只需 11 步即可成功求解。由此也体现出牛顿法比二分法具有更大的优势。

　　二分法和牛顿法本质上都属于迭代方法。一般来说,用迭代法解方程需要四个要素,即迭代表达式、迭代变量、迭代初始值和迭代终止条件。二分法和牛顿法都包含了这四个要素。以牛顿法解方程 $f(x) = x - e^{-x} = 0$ 为例,它的迭代表达式是方程(6-6),迭代变量是 x_k,迭代初始值是 $x_k = 0.5$,而迭代终止条件为 $|x_{k+1} - x_k| < 0.001$。

　　这个实例表明,尽管二分法和牛顿法都是迭代法,但牛顿法的效率比二分法要高得多,这是因为牛顿法在逼近方程真实解时考虑了逼近的方向,或者说逼近的梯度,这使得牛顿法逼近方程真实解时能收敛得更快,所以其效率更高。

　　图 6.6 用一个比较形象的示意图说明了二分法与牛顿法的不同。从同一个出发点 s 向谷底目标 d 出发,二分法无法判断谷底的方向,只能在每条等高线上多取一些点,综合所有的信息才能找到谷底的位置;牛顿法则不同,由于牛顿法以梯度

为基础,从出发时就朝着谷底的方向进发,所以很快就能找到谷底的位置。

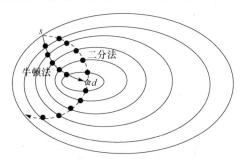

图 6.6　牛顿法和二分法的比较示意图

值得一提的是,梯度是一个非常重要的概念,在很多学科都有重要的作用。在描述某个事物时,加入梯度往往能够起到更好的效果。例如,在化学上人们讨论物质传递时,将浓度梯度考虑进去才能对物质传递进行更精确的描述。第 2 章中所提及的局域密度近似(LDA)和广义梯度近似(GGA),也正是电荷梯度运用的具体体现。LDA 的基本思想是利用均匀电子气密度来获得非均匀电子气的交换关联泛函。然而,由于 LDA 是利用均匀电子气密度来获得非均匀电子气,对于电子气密度在空间变化较大的体系,LDA 就会出现较大的误差。GGA 不仅是电子密度的泛函,同时也是密度梯度的泛函,它充分考虑了电子密度的不均匀性,所以计算结果往往更加精确。

4. 软件中常用迭代方法

目前的大多数第一性原理计算软件都包含了常用的高效迭代方法,如牛顿法、拟牛顿法、共轭梯度法等。不同的迭代方法在效率和用途上各有不同,在实际进行结构优化时往往将多种方法结合起来使用。

本节介绍了利用第一性原理计算进行晶体结构优化的理论基础,全面详尽的内容可以参考相关的专著[1,2]。

6.2　Heusler 合金 $Ni_2MnGa(L2_1)$ 的结构优化(CASTEP)

本节将介绍如何采用 CASTEP 软件对 $Ni_2MnGa(L2_1)$ 进行结构优化。下面是结构优化的计算过程。

1. 建立新工程并建立 $Ni_2MnGa(L2_1)$ 原胞

打开 Materials Studio 平台,建立新的工程〈New Project〉,并重命名为〈Ni2MnGa〉;在该工程中导入 $Ni_2MnGa(L2_1)$ 结构,结构文件为〈Ni2MnGa. xsd〉;将晶格常数值设为 5.85Å;选择 Build | Symmetry | Primitive Cell 命令,将晶胞转换

成原胞进行计算。

2. 进行结构优化计算

选择 Modules｜CASTEP｜Calculation 命令，打开 CASTEP Calculation 对话框。在 Setup 选项卡中，设置 Task 为 Geometry Optimization，选取 Spin polarized、Use formal spin as initial 和 Metal 复选框，选择关联泛函 GGA-PBE；单击 More 按钮，在打开的对话框中选择 Quality 为 Ultra-fine，并选取 Optimize cell 复选框；返回 CASTEP Calculation 对话框，在 Electronic 选项卡中选择超软赝势 Ultra-soft，设置截断能 Energy cutoff 为 600eV，设置 k-points set 为 $12 \times 12 \times 12$。CASTEP Calculation 对话框的具体设置如图 6.7 所示。

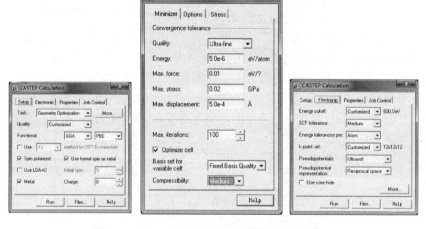

图 6.7　CASTEP Calculation 对话框的具体设置

设置完成后，单击 Run 按钮进行结构优化，计算完成后会自动生成一个新的文件夹〈Ni2MnGa CASTEP GeomOpt〉。激活新文件夹下的〈Ni2MnGa. castep〉文件，即可查看到优化前、后的原胞晶格常数，分别见源文件 6.1 和源文件 6.2，优化前的晶胞晶格常数为 5.85Å，优化后的晶胞晶格常数为 5.83747Å。

源文件 6.1　生成文件〈Ni2MnGa. castep〉中优化前原胞晶格常数

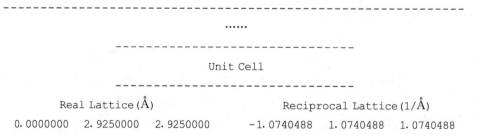

```
------------------------------------------------------------

                           ......

           ----------------------------------

                          Unit Cell

           ----------------------------------

         Real Lattice(Å)                Reciprocal Lattice(1/Å)
   0.0000000   2.9250000   2.9250000    -1.0740488   1.0740488   1.0740488
```

```
2.9250000   0.0000000   2.9250000        1.0740488  -1.0740488   1.0740488
2.9250000   2.9250000   0.0000000        1.0740488   1.0740488  -1.0740488

                Lattice parameters(A)        Cell Angles
        a =      4.136575          alpha   =    60.000000
        b =      4.136575          beta    =    60.000000
        c =      4.136575          gamma   =    60.000000

            Current cell volume =     50.050406       A**3
                        ......
```

源文件 6.2　生成文件〈Ni2MnGa. castep〉中优化后原胞晶格常数

```
                        ......

=================================================================
BFGS:Final Configuration:
=================================================================

            ---------------------------------------------
                            Unit Cell
            ---------------------------------------------

        Real Lattice(Å)              Reciprocal Lattice(1/Å)
0.0000000   2.9187336   2.9187336     -1.0763547   1.0763547   1.0763547
2.9187336   0.0000000   2.9187336      1.0763547  -1.0763547   1.0763547
2.9187336   2.9187336   0.0000000      1.0763547   1.0763547  -1.0763547

                Lattice parameters(Å)        Cell Angles
            a =      4.127713        alpha =   60.000000
            b =      4.127713        beta  =   60.000000
            c =      4.127713        gamma =   60.000000

        Current cell volume =     49.729415 A**3
                        ......
```

----

3. 其他

为获得更优的结构,可以对第一次优化后的结构再次提高计算精度,进行多次优化计算。

6.3　Heusler 合金 Ni_2MnGa(四方)的结构优化(CASTEP)

本节将采用 CASTEP 软件对 Ni_2MnGa(四方)进行结构优化。下面是结构优化的计算过程。

1. 建立 Ni_2MnGa 四方结构 ($c/a = 1.26$) 模型

参考第 5 章关于四方变形的计算,选择对 Ni_2MnGa (四方) ($c/a = 1.26$) 进行结构优化,那么 $\delta = 0.26$、$c/a = 1.26$ 时的四方结构为

$$a_0 \begin{bmatrix} 0 & 0.462927687 & 0.583288886 \\ 0.462927687 & 0 & 0.583288886 \\ 0.462927687 & 0.462927687 & 0 \end{bmatrix}$$

据此可以手动写出四方结构原胞的输入文件〈POSCAR〉,见源文件 6.3;再用 VESTA 软件将其转换为〈Ni2MnGa1.26.cif〉格式文件。

源文件 6.3　输入文件〈POSCAR〉

```
------------------------------------------------------------
Ni2MnGa
    5.82
      0.0            0.462927687    0.583288886
      0.462927687    0.0            0.583288886
      0.462927687    0.462927687    0.0
2 1 1
Direct
 0.75  0.75  0.75   #Ni1
 0.25  0.25  0.25   #Ni2
 0.50  0.50  0.50   #Mn
 0.00  0.00  0.00   #Ga
------------------------------------------------------------
```

2. 建立新工程并建立 Ni_2MnGa (四方) 原胞

打开 Materials Studio 平台,建立新的工程〈New Project〉,并重命名为〈Ni2MnGa1.26〉。单击 Import 按钮,将〈Ni2MnGa1.26.cif〉导入 Materials Studio 平台中,此时模型的空间群为 P1;选择 Build | Symmetry | Find Symmetry 命令,在弹出的菜单中选择 Find Symmetry 命令,找到空间群后单击 Impose Symmetry 按钮,设置空间群为 I4/MMM,空间群号为 139;选择 Build | Symmetry | Primitive Cell 命令,将晶胞转换成原胞。

3. 进行结构优化计算

选择 Modules | CASTEP | Calculation 命令,打开 CASTEP Calculation 设置对话框。在 Setup 选项卡中,设置 Task 为 Geometry Optimization,选取 Spin polarized、Use formal spin as initial 和 Metal 复选框,选择关联泛函 GGA-PBE,单

击 More 按钮,在打开的对话框中选择 Quality 为 Medium,并选取 Optimize cell 复选框;在 Electronic 选项卡中,选择赝势 On the fly,设置截断能 Energy cutoff 为 600eV,设置 k-points set 为 12×12×12,如图 6.8 所示。

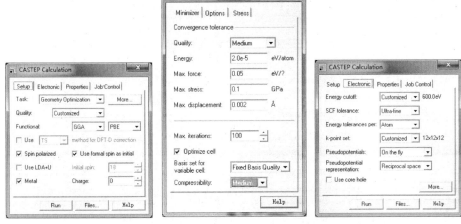

图 6.8　CASTEP Calculation 对话框的具体设置

设置完成后单击 Run 按钮进行结构优化,则自动生成新文件夹 〈Ni2MnGa1.26 CASTEP GeomOpt〉。激活文件〈Ni2MnGa1.26.castep〉,即可查看到优化前和优化后的原胞晶格常数,分别见源文件 6.4 和源文件 6.5。

源文件 6.4　生成文件〈Ni2MnGa1.26.castep〉中优化前原胞晶格常数

```
------------------------------------------------------------

                    ......

              -----------------------------

                       Unit Cell
              -----------------------------

      Real Lattice(Å)                  Reciprocal Lattice(1/Å)
 -1.9051153   1.9051153   3.3947428    0.0000000   1.6490302   0.9254288
  1.9051153  -1.9051153   3.3947428    1.6490302   0.0000000   0.9254288
  1.9051153   1.9051153  -3.3947428    1.6490302   1.6490302   0.0000000

  Lattice parameters(Å)       Cell Angles
          a =    4.333960        alpha =  127.846025
          b =    4.333960        beta  =  127.846025
          c =    4.333960        gamma =  76.874594

      Current cell volume =    49.284390        A**3
                    ......
------------------------------------------------------------
```

源文件 6.5　生成文件〈Ni2MnGa1. 26. castep〉中优化后原胞晶格常数

```
------------------------------------------------------------

          ......

============================================================

BFGS:Final Configuration:

============================================================


          --------------------------------------

                         Unit Cell

          --------------------------------------

       Real Lattice (Å)                Reciprocal Lattice (1/Å)
 -1.9124995   1.9124995   3.3629465      0.0000000   1.6426633   0.9341786

  1.9124995  -1.9124995   3.3629465      1.6426633   0.0000000   0.9341786

  1.9124995   1.9124995  -3.3629465      1.6426633   1.6426633   0.0000000

     Lattice parameters (Å)    Cell Angles
               a =    4.315636      alpha =   127.389180

               b =    4.315636      beta  =   127.389180

               c =    4.315636      gamma =    77.616644

          Current cell volume =      49.201984 A**3
                         ......

------------------------------------------------------------
```

　　激活新文件夹〈Ni2MnGa1. 26 CASTEP GeomOpt〉下的〈Ni2MnGa1. 26. xsd〉文件,选择 Build | Symmetry | Conventional Cell 命令,将原胞转换成晶胞。优化前和优化后的晶胞的晶格参数信息如图 6.9 所示。

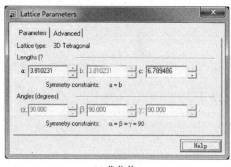 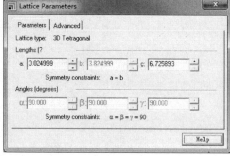

(a) 优化前　　　　　　　　　　　　　　　　(b) 优化后

图 6.9　优化前和优化后的晶胞的晶格参数信息

　　将优化前、后四方结构转化为与 $L2_1$ 立方晶格对应的 c 和 a,即优化前为

$$\frac{c}{a} = \left(\frac{6.789486}{3.810231}\right) = 1.26$$

而优化后为

$$\frac{c}{a} = \left(\frac{6.725893}{3.824999}\right) = 1.243$$

由此可见,优化后的结构发生了微调。

6.4　Heusler 合金 $Ni_2MnGa(L2_1)$ 的结构优化(VASP)

本节继续采用 VASP 软件对 $Ni_2MnGa(L2_1)$ 进行结构优化。下面是结构优化的计算过程。

1. 准备输入文件

建立〈Ni2MnGa〉文件夹,在该路径下建立 VASP 的四个输入文件〈POSCAR〉、〈POTCAR〉、〈KPOINTS〉、〈INCAR〉。其中,输入文件〈POSCAR〉见源文件 6.6;输入文件〈POTCAR〉复制 4.2 节已存档的文件即可;输入文件〈KPOINTS〉中 k 点设置为 $11 \times 11 \times 11$;输入文件〈INCAR〉见源文件 6.7。

源文件 6.6　输入文件〈POSCAR〉

```
------------------------------------------------------------
Ni2MnGa
5.82
    0.0   0.5   0.5
    0.5   0.0   0.5
    0.5   0.5   0.0
2 1 1
Direct
 0.75   0.75   0.75      #Ni1
 0.25   0.25   0.25      #Ni2
 0.50   0.50   0.50      #Mn
 0.00   0.00   0.00      #Ga
------------------------------------------------------------
```

源文件 6.7　输入文件〈INCAR〉

```
------------------------------------------------------------
SYSTEM=Ni2MnGa
##################### files
ISTART=0
```

```
ICHARG=2
#####################general
ISPIN=2
MAGMOM=2*1 30
GGA=PE
ENCUT=600
EDIFF=1E-5
PREC=Accurate
# LORBIT=11
LREAL=.FALSE.
LWAVE=.FALSE.
LCHARG=.FALSE.
# NEDOS=1200
####################smear
ISMEAR=1
SIGMA=0.2
######################relaxation
NSW=30
ISIF=3
POTIM=0.5
IBRION=2
EDIFFG=-1E-4
```

----

2. 进行 VASP 计算

运行 VASP 进行计算。

3. 提取计算结果及分析

计算完成后,文件夹下会生成输出文件〈CONTCAR〉,见源文件 6.8。

源文件 6.8　输出文件〈CONTCAR〉

```
Ni2MnGa
  5.82000000000000
     0.0000000000000000    0.4988935317818953    0.4988935317818953
     0.4988935317818953    0.0000000000000000    0.4988935317818953
     0.4988935317818953    0.4988935317818953    0.0000000000000000
   Ni   Mn   Ga
```

```
  2    1    1
Direct
  0. 7500000000000000     0. 7500000000000000     0. 7500000000000000
  0. 2500000000000000     0. 2500000000000000     0. 2500000000000000
  0. 5000000000000000     0. 5000000000000000     0. 5000000000000000
  0. 0000000000000000     0. 0000000000000000     0. 0000000000000000


  0. 00000000E+00    0. 00000000E+00    0. 00000000E+00
  0. 00000000E+00    0. 00000000E+00    0. 00000000E+00
  0. 00000000E+00    0. 00000000E+00    0. 00000000E+00
  0. 00000000E+00    0. 00000000E+00    0. 00000000E+00
```

将输出文件〈CONTCAR〉与输入文件〈POSCAR〉进行对比可以看出，优化后的基矢（其晶格常数）发生了微调。至此，$Ni_2MnGa(L2_1)$ 的结构优化完成。用 Shift+G 快捷键到达〈OUTCAR〉最末端，即可查看体系优化后的晶胞能量。

6.5　Heusler 合金 Ni_2MnGa（四方）的结构优化（VASP）

本节将介绍如何采用 VASP 软件对 Ni_2MnGa（四方）进行结构优化。

1. 准备输入文件

参考第 5 章关于四方变形的计算，选择对 Ni_2MnGa（四方）（$c/a=1.26$）进行结构优化。建立文件夹〈Ni2MnGa1.26〉，并在该路径下建立 VASP 的四个输入文件〈POSCAR〉、〈POTCAR〉、〈KPOINTS〉、〈INCAR〉。其中，输入文件〈POSCAR〉复制 6.3 节的源文件 6.3 即可；输入文件〈POTCAR〉复制 4.2 节已存档的文件即可；输入文件〈KPOINTS〉将 k 点设置为 $12×12×12$；输入文件〈INCAR〉复制 6.4 节的源文件 6.7 即可。

2. 进行 VASP 计算

运行 VASP 进行计算。

3. 提取计算结果及分析

计算完成后，文件夹下会生成输出文件〈CONTCAR〉，见源文件 6.9。

源文件 6.9　　输出文件〈CONTCAR〉

```
Ni2MnGa
   5.82000000000000
   0.0000000000000000    0.4614975173705171    0.5809604386445752
   0.4614975173705171    0.0000000000000000    0.5809604386445752
   0.4614975173705171    0.4614975173705171    0.0000000000000000
    Ni   Mn   Ga
    2    1    1
Direct
   0.7500000000000000    0.7500000000000000    0.7500000000000000
   0.2500000000000000    0.2500000000000000    0.2500000000000000
   0.5000000000000000    0.5000000000000000    0.5000000000000000
   0.0000000000000000    0.0000000000000000    0.0000000000000000
```

　　将输出文件〈CONTCAR〉与输入文件〈POSCAR〉进行比较可以看出,优化后的基矢(其 c/a)发生了微调。至此,Ni_2MnGa(四方)的结构优化完成。

　　将本章结构优化的文件进行存档,在后面章节的电子结构计算、弹性性质计算和声子谱计算都将基于本章的优化结构开展,所以会经常调用本章的结构优化文件。

参 考 文 献

[1] 袁亚湘,孙文瑜. 最优化理论与方法[M]. 北京:科学出版社,1997.

[2] David S S, Janice A S. Density Functional Theory a Practical Introduction[M]. Hoboken: John Wiley & Sons, Inc. ,2009.

第 7 章　Heusler 合金电子结构的计算

电子结构与材料的诸多物理性质有着重要的关系，电子结构的计算有助于在原子尺度上认识材料的外在性质。$Ni_2MnGa(L2_1)$的电子结构可以利用第一性原理的方法进行计算[1-6]。本章将介绍电子结构计算的理论基础，并分别采用 CASTEP 和 VASP 软件对 Heusler 合金 $Ni_2MnGa(L2_1)$结构和 Ni_2MnGa（四方）结构进行电子结构计算。

7.1　电子结构计算的理论基础

第一性原理计算最主要、被使用最多的是它在计算材料电子结构（electronic structures）方面的作用。在很多有关第一性原理计算的文献中不难发现，电子结构一般都会涉及能带（band structures）、态密度（density of states）、电荷密度（charge density）、电荷转移（charge transfer）和费米面（Fermi surface）等性质，这些都可以笼统地称为电子结构。虽然从字面上看上述各种性质互相并没有密切联系，但仔细分析不难发现，这些性质都与"电子"有关，都涉及与电子的占据、分布和传输有关的性质。

目前，第一性原理计算主要涉及力学、热力学、动力学以及电子结构四个方面的计算。然而，实际的第一性原理计算往往是多方面的融合。电子结构在这四个方面中尤为重要，因为电子结构的计算结果可以在原子尺度上认识材料的电子性质，并有助于对材料的其他性质进行解释，加深理解和认识。

这里不对电子结构理论进行详细介绍，有需要的读者可以阅读和参考其他资料[7,8]。下面重点介绍上述电子结构各个性质的计算和分析方法。考虑目前电子结构计算的主流，结合作者的实际经验，本节主要介绍能带、态密度、电荷转移和费米面等方面的内容。

7.1.1　能带与态密度

能带结构是第一性原理计算最基本的电子结构。能带的产生始于孤立的能级，孤立原子的各个轨道具有各自独立的能级。当多个原子聚集在一起形成固体后，原子和原子之间相互作用，确切地说是各个孤立原子能级之间的相互作用使得原本孤立的能级扩展成为能带。可以看到，能带的依附对象是固体，因此有关能带的理论常常又称为固体能带理论。这里所说的固体，是指具有一定周期性结构的固体。所谓周期性结构就是原子聚集成固体时是按照一定的规则排布的,包括 7 大晶系、32 种点群以及 230 种空间群[9]。正是由于原子排布时依据的规则不同,才形成不同的固体,从而出现不同的能带结构。

　　图 7.1 是半导体 Si 的能带结构和态密度。由图可见,Si 作为一种半导体,其上下两部分分别为导带(conduction band,CB)和价带(valence band,VB),中间的带隙(band gap)将价带和导带分开。能带结构的纵坐标为能量,单位为电子伏特(eV),而横坐标是布里渊区(Brillouin zone)内的路径。图 7.2 所示是 Si 原胞的布里渊区,在实际进行能带结构计算时一般取其中的高对称性点,然后把各个高对称性点连接起来,在各个高对称性点之间也按照一定的分割比例取若干点。例如,对于 Si,高对称性点 $W\text{-}L\text{-}G\text{-}X\text{-}W\text{-}K$ 就是计算 Si 能带结构所使用的路径。

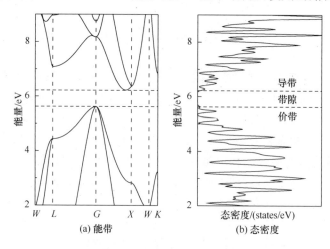

(a) 能带　　　　　　　　　(b) 态密度

图 7.1　Si 的能带和态密度

　　因为能带与态密度密切相关,所以本节将能带与态密度结合起来进行介绍。能带结构与态密度之间具有一一对应的关系。图 7.1(b)是 Si 的态密度,其与图 7.1(a)

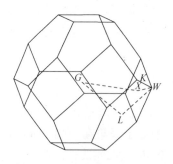

图 7.2　Si 原胞的布里渊区图以及用于计算能带的路径(虚线)

Si 的能带结构完全对应,同样包括价带、导带和带隙三个部分。态密度是能量介于 E 和 $E+\Delta E$ 的量子态数目与能量差 ΔE 之比,其单位为 states/eV。也就是说,如果在图 7.1(a)Si 能带结构的纵坐标上取一个 ΔE 的能量范围,从这个能量范围内向能带结构内部作一水平线,与该水平线相交的能带上的所有量子态数目除以 ΔE 就是该 ΔE 范围内的量子态密度。在能带结构所有的能量范围内都取 ΔE 的能量范围进行这一操作,就得到了整个态密度图。因此,态密度是能带结构的另外一种表达方式。

　　正是基于能带结构和态密度之间的这一关系,可以从能带或者态密度结果中得出一些合理的推断。图 7.3(a)是某物质的能带结构,该物质同样为半导体,自下而上分别为价带、带隙和导带。与 Si 的能带结构不同,该物质的价带和导带具有明显不同的特征。它的价带比较"平",而导带底部则比较"弯"。按照上面的讨论,如果从能带左边的 ΔE 范围作一水平直线,则从价带出发的直线可以相交到更多的量子态,从而使最后得到的态密度较大;而从导带底部出发的直线则相交到的量子态较少,使得态密度较小。从图 7.3(b)所示的态密度可以明显看出,价带对应的态密度很高,而导带底部的态密度较小。所以,有时即便只计算能带,也可以从能带上推断出态密度的若干性质,反之亦然。

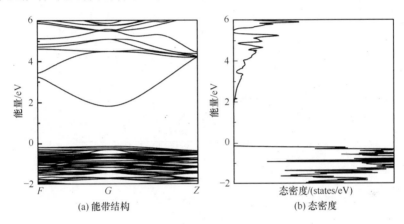

(a) 能带结构　　　　　　　　　　(b) 态密度

图 7.3　能带与态密度的关系

　　这种相互之间的推断对于结果分析是非常有用的。例如,能带结构可以用来计算电子或者空穴的有效质量,从而评估载流子处于价带或者导带状态时的迁移情况。有效质量可以利用下面的公式计算(相对于电子的惯性质量 m_0):

$$m = \frac{\hbar^2}{2|a|} \tag{7-1}$$

式中,$\hbar$ 是约化普朗克常量;a 是价带顶或导带底对应的能带曲线拟合得到的抛物线方程的二次项系数。可以看到,有效质量仅与 a 有关。如果能带"弯"得厉害,则 a 较大,因此有效质量小;如果能带较"平",则 a 较小,因此有效质量大。也就是说,即便不去定量计算有效质量的值,仅从能带的弯曲程度上也可以定性判断有效质量的大小。图 7.3 中的能带结构就是一个典型的例子,载流子在导带状态时的有效质量比在价带状态时的有效质量要小,说明载流子处于导带状态时的迁移更好。基于能带和态密度的关系,如果没有计算该物质的能带而只计算图 7.3(b)的态密度,仍然可以定性得出该物质中载流子处于导带状态时迁移更好这一合理的推论。

图 7.1 和图 7.3 中所展示的态密度只是最基本的形式,这种形式的态密度并不能解读出太多有用的信息。更多情况下,态密度是以分态密度(partial density of states)的形式表示的。图 7.4 是 $SrTiO_3$ 的分态密度形式,其中的图 7.4 (a)是和图 7.1、图 7.3 一样的总态密度,而图 7.4(b)和图 7.4(c)分别是 O 的 2p 和 Ti 的 3d 轨道态密度。$SrTiO_3$ 是一种半导体,因此价带和导带位置更为重要。这里之所以只展示出 O2p 和 Ti3d 这两种元素的轨道,是因为在价带和导带位置 Sr 元素基本没有贡献。从图 7.4(b)和(c)中可以明显看到,$SrTiO_3$ 的价带和导带分别主要由 O2p 和 Ti3d 轨道组成,而这个信息在图 7.4(a)中是无法获得的。除了将 O2p 和 Ti3d 分别用图表示出来,人们更习惯于将各个轨道的分态密度画在一张图上以便于比较,如图 7.4(d)所示。

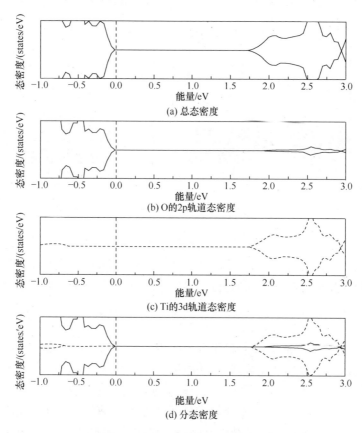

图 7.4　$SrTiO_3$ 的分态密度形式

应该注意到,能带和态密度都是一种状态。在前面多次提到载流子处于价带或者导带状态时具有怎样的性质,之所以用这样的说法就是因为价带或者导带仅仅是状态。讨论某个孤立的电子并没有多少实际意义,只有将电子放置在某个状态时才有意义。这就好比我们在评价某个人时,往往会将其身份加上。例如,讨论一个学生,一般将学生身份加在这个人身上。学生这一身份就是一种状态,一个人处于学生这个状态时就具有了学生的一切属性。

同样地,电子处于价带就具有价带的性质,处于导带则具有导带的性质。换言之,是能带赋予电子以不同的状态。当然,这种说法并不严格,甚至是错误的,因为能带本身就是由大量电子相互作用而形成的。但从实际运用和帮助理解的角度来看,又可以简单地认为能带赋予电子以不同的状态。基于这样的认识,就可以容易地理解能带和态密度。以图 7.3 中的能带为例,当电子处于价带顶时,电子就具有了价带顶的特性。从上面对有效质量的讨论可知,电子在该处的有效质量大,说明电子在该状态时的迁移并不好。当电子受到激发,如吸收光能后,跃迁至导带底位置时,该电子的状态就变成导带底的状态,其性质也发生了改变。此时电子的有效质量就较小,说明其处于导带底状态时迁移更容易。

7.1.2　电荷转移

第一性原理计算的另一个常见应用就是对电荷的计算,如电荷分布(charge distribution)、电荷转移等。在第 2 章中提到,目前的第一性原理计算实际上是基于密度泛函理论实现的,而密度泛函理论的基础就是电荷密度,所以利用第一性原理计算对电荷进行描述是非常便利的。

第一性原理计算常常用于研究材料的掺杂、光吸收和光激发、原子或分子的吸附等领域。在这些领域,电荷转移是描述和解释各种现象非常重要的工具。例如,水分子或者二氧化碳在材料表面吸附时,一般都会伴随着表面电子向水分子或二氧化碳的转移。当水分子或二氧化碳得到一定量的电子后,其中的氢氧键或碳氧键才会被激活,从而发生断键并最终被解离。为了评价该吸附解离的过程,就需要计算水分子或二氧化碳从表面得失电子的情况。

目前,描述电荷转移可以从定性和定量两个方面来进行。定性的描述一般采用计算电荷密度差的方式。下面以水分子在 Ta_3N_5 半导体表面解离吸附为例来说明电荷密度差的计算过程。

图 7.5(a)是计算得到的水分子在 Ta_3N_5(100)面的解离吸附结构。由图可以看到,水分子在 Ta_3N_5(100)面解离为一个羟基(OH)和一个氢(H)原子,分别吸附在表面的 Ta 原子和 N 原子上。先将这个解离吸附结构拆分为表面的 H_2O(已经分解为 OH 和 H)以及 Ta_3N_5 表面这两部分,然后分别计算 H_2O 和 Ta_3N_5(100)表面的电荷密度,再计算整个吸附结构 $Ta_3N_5 + H_2O$ 的电荷密度,于是吸附的电荷密度差可以表示为

$$\Delta\rho = \rho(Ta_3N_5 + H_2O) - \rho(Ta_3N_5) - \rho(H_2O) \tag{7-2}$$

从式(7-2)可以看出,电荷密度差为正时吸附后的电荷增加,而为负值时吸附

后的电荷减少。图 7.5(b)所示是水分子在 Ta_3N_5(100)表面吸附后的电荷密度差,其中附加的浅色区域和深色区域分别表示电荷密度为正和为负的区域。由图可以看到,OH 和 H 附近区域的电荷在增加,而表面 Ta 原子附近的电荷密度在减少,这定性地说明了水分子在 Ta_3N_5(100)表面的吸附解离过程需要从表面得到电子。

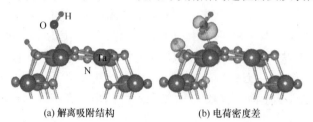

(a) 解离吸附结构　　　　　　　(b) 电荷密度差

图 7.5　水分子在 Ta_3N_5(100)面上解离吸附的结构和电荷密度差

　　除了用电荷密度差来定性地分析电荷转移,还可以定量计算电荷转移,用于定量计算电荷转移的方法称为布居分析(population analysis)。简单而言,布居分析就是计算所分析材料中各个原子所带电荷的多少,或者各个原子的价态是多少。例如,两个 H 原子和一个 O 原子在没有发生反应形成水分子前,H 原子带 1 个电子而 O 原子带 6 个电子。发生反应生成水分子后,H 和 O 的价态分别为+1 和−2价,这时可以认为两个 H 原子将所带电子转移给了 O 原子。布居分析的目的就是计算出 H_2O 分子中 H 和 O 分别带多少个电子(呈现什么价态),从而分析电荷转移情况。

　　布居分析只是一个笼统的概念,要实现它需要更为具体的方法,目前主流的布居分析包括 Bader、Milliken、Hirshfeld 等方法。其中,最为常见的是 Bader 和 Milliken 方法,主要区别在于前者是基于电荷密度,而后者是基于原子轨道。虽然这两种布居方法基于的对象不同,但它们都依据"分割"的原理来计算各原子所带

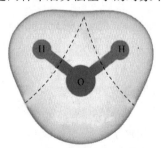

图 7.6　利用 Bader 方法
计算电荷的示意图

的电荷。以 Bader 方法为例,图 7.6 展示了计算 H 和 O 各自所带电荷的示意图。首先计算出整个 H_2O 分子的电荷分布,然后依据一定的规则将属于各原子的电荷进行划分。对于 Bader 方法,划分电荷需要找到关键的一些点,如电荷密度的极大或者极小值点、鞍点等。在这些关键点处,电荷密度的梯度满足下面的关系:

$$\nabla\rho(r) = \frac{\partial\rho(r)}{\partial x}u_x + \frac{\partial\rho(r)}{\partial y}u_y + \frac{\partial\rho(r)}{\partial z}u_z = 0 \qquad (7\text{-}3)$$

利用这些关键点对整个电荷密度进行划分后,再对各个划分的区域进行积分就得到各个原子所带的电荷量。

在此,用 Bader 和 Milliken 方法对水分子在 $Ta_3N_5(100)$ 表面的解离吸附进行计算:首先计算出单个 H 原子和单个 O 原子带电荷的情况;然后把两个 H 原子和一个 O 原子带电荷量相加就得到了水分子的电荷得失情况。Bader 和 Milliken 方法计算的结果分别为 0.13 个电子和 0.08 个电子。可见,尽管 Bader 和 Milliken 方法得到的电荷量有差别,但二者都说明水分子的解离吸附发生了从 $Ta_3N_5(100)$ 面向水分子的电荷转移,这与用电荷密度差进行的定性分析是完全吻合的。

7.1.3　费米面

简单而言,费米面就是电子最高占据能级的等能面,或者电子占据与不占据区域的分界面。费米面对于解释和预测金属及半导体的热、电、磁和光等性质具有重要作用。若有 N 个电子,它们按照泡利原理由低到高填充尽可能低的 N 个量子态,这 N 个电子在倒空间填充半径为 K_F 的球,球内包含的状态数恰好等于 N,即

$$k_F = 2\pi \left(\frac{3}{8\pi}\right)^{\frac{1}{3}} \left(\frac{N}{V}\right)^{\frac{1}{3}} = 2\pi \left(\frac{3}{8\pi}\right)^{\frac{1}{3}} n^{\frac{1}{3}} \tag{7-4}$$

式中,$n = \dfrac{N}{V}$ 为电子密度。图 7.7 为费米面二维示意图,扩展到三维即为球,一般称其为费米球,K_F 为费米球半径,球的表面为费米面。

费米面对解释能带被部分填充的体系即金属中的电子不稳定性有重要的作用。如果某费米面按波矢 q 进行平移后能够和另外的费米面重叠在一起,这时费米面在波矢 q 的作用下就发生了嵌套(nesting),波矢 q 称为 nesting 波矢。如图 7.8 所示的二维费米面,左下方的虚线费米面按照波矢 q 平移后与右上方的虚线费米面部分可以重合。如果金属体系中存在费米面嵌套,则电子结构可能不稳定,从而引发物质的结构相变。

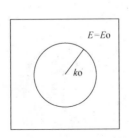

图 7.7　费米面示意图

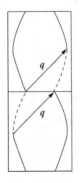

图 7.8　费米面嵌套示意图

这里以金属钒(V)为例来说明费米面嵌套与其机构相变的关系。研究表

明[10,11],金属钒在加压过程中能带结构、费米面形状的改变与剪切弹性常数 C_{44} 的软化有直接联系,而费米面嵌套是 C_{44} 软化的一个主要原因。图 7.9 给出了钒在 1.6GPa、117GPa 和 230GPa 三个压力下的三维费米面图。图 7.9(a)和(b)中从左至右分别为二带、三带以及二三两带的合成费米面图,而图 7.9 (c)中从左至右分别为三带、四带以及三四两带的合成费米面图。从图中可见,随着压力的增大,二带费米面的体积在不断缩小,压力继续增大则二带消失。而三带主要的形状并没有明显变化,但在布里渊边界上的各个"小喇叭"在不断扩大。另外,随着二带的逐渐消失,在高压下出现了四带的费米面形状,如图 7.9 (c)中间所示,其形状像一个八面体,这一新带费米面的出现称为电子拓扑转变(electronic topological transition,

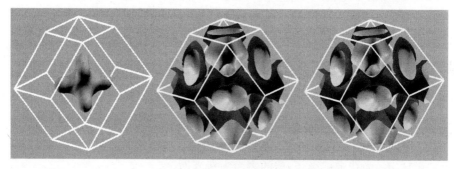

(a) 1.6GPa

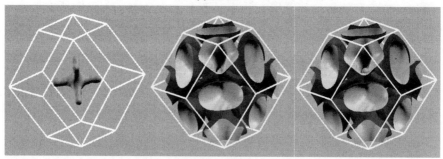

(b) 117GPa

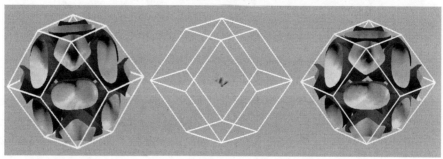

(c) 230GPa

图 7.9　钒在压力下的三维费米面图

ETT)。ETT 是指外界影响下(如压力、温度等),电子能带的极值处将会穿越费米能级,此时在费米面上将会有新元素的加入。ETT 表现在能带结构上指在费米能级上有新带穿越,表现在费米面上指有新形状的费米面出现在布里渊区内。这里的三维费米面图已经很明显地显示出四带费米面。

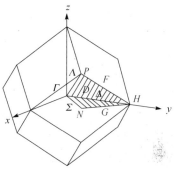

图 7.10 体心立方结构的倒空间示意图

三维图形由于过于复杂反而不利于分析。这里计算的钒的三维费米面就比较复杂,其内部的费米面随压力的变化情况很难观察。那么可以再计算在各个压力下的二维费米面。图 7.10 是体心立方结构的第一布里渊区示意图,截取了 ΓHN 以及 ΓHP 两个面(图中的阴影部分)。图 7.11 给出了体心立方钒同样在 1.6GPa、117GPa 和 230GPa 三个压力下的二维费米面,分别为 ΓHN 面和 $\Gamma HNPN$ 面。从图中可以看到:①随着压力的增大,Γ 点周围变形的八面体空穴袋(hole-pocket,虚线,即二带费米面)变小,这与上述三维的计算结果是吻合的。这表明随着压力增大 Γ 点向费米能级移动,与前面的能带态密度计算也是吻合的。压力继续增大,二带费米面消失,但出现了新的四带费米面,这也与上述的三维费米面以及对能带的分析是相符的。②在常压下钒就已经存在小的嵌套矢量 q(图 7.11(a)),这将导致横波声子模的频率软化。在长波极限下($q \rightarrow 0$),有

$$C_{44} = \frac{\omega^2 \rho}{K^2} \tag{7-5}$$

式中,ω、ρ 和 K 分别为声子频率、密度和声子波矢。随着压强的增大,嵌套波矢 q 逐渐减小(图 7.11(b)),横波声子模频率 ω 的软化将会导致 C_{44} 的软化,最终导致钒在高压下的结构失稳转变。

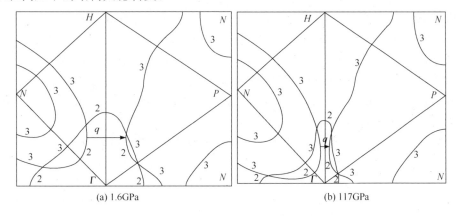

(a) 1.6GPa (b) 117GPa

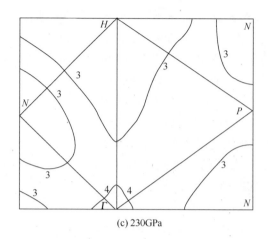

(c) 230GPa

图 7.11　不同压力下 bcc 钒的费米面在{100}和{110}平面中央的截面图

7.2　Heusler 合金 $Ni_2MnGa(L2_1)$ 的电子结构计算(CASTEP)

本节将采用 CASTEP 软件对 $Ni_2MnGa(L2_1)$ 进行电子结构计算。特别注意，应对充分优化后的结构进行电子结构计算。

1. 建立新工程并建立 $Ni_2MnGa(L2_1)$ 原胞

打开 Materials Studio 平台，建立新的工程〈New Project〉，并重命名为〈Ni2MnGa〉。在该工程中导入第 6 章充分优化后的 $Ni_2MnGa(L2_1)$ 立方结构，结构文件为〈Ni2MnGa. xsd〉，注意导入的应该是原胞。

2. 态密度计算

激活充分优化后结构的生成文件〈Ni2MnGa. xsd〉，选择 Modules | CASTEP | Calculation 命令，打开 CASTEP Calculation 对话框。在 Setup 选项卡中，设置 Task 为 Energy，选取 Spin polarized、Use formal spin as initial 和 Metal 复选框，选择关联泛函 GGA-PBE；在 Electronic 选项卡中选择超软赝势 Ultrasoft，设置截断能 Energy cutoff 为 600eV，设置 k-points set 为 $18 \times 18 \times 18$；在 Properties 选项卡中，选取 Density of states 复选框以计算态密度。CASTEP Calculation 对话框的具体设置如图 7.12 所示。

设置完成后，单击 Run 按钮进行态密度计算，计算完成后会自动生成一个新的文件夹〈Ni2MnGa CASTEP Energy〉。

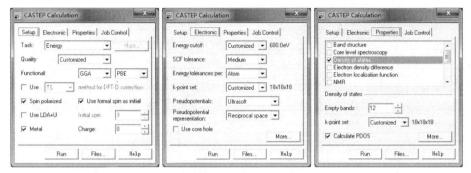

图 7.12　CASTEP Calculation 对话框的具体设置

3. 提取计算结果及数据处理

在新的文件夹〈Ni2MnGa CASTEP Energy〉下，找到新生成文件〈Ni2MnGa. xsd〉，并将其激活；选择 Modules｜CASTEP｜Analysis｜Density of states 命令，选取 Full 复选框，也可以根据需要选取轨道，如图 7.13所示。

单击 View 按钮，生成对应的 $Ni_2MnGa(L2_1)$ 总态密度以及 Ni、Mn 原子 3d 轨道分波态密度，如图 7.14 所示。

另外也可从态密度计算结果中提取数据，自行用 Origin 作出态密度图。具体方法是：右击生成的态密度图〈Ni2MnGa. xcd〉，在弹出的快捷菜单中选择"复制"命令；打开 Origin，右击表格，在

图 7.13　CASTEP Analysis 对话框的具体设置

弹出的快捷菜单中选择"粘贴"命令，即可将数据导入 Origin 中。也可以在激活态密度图〈Ni2MnGa. xcd〉的情况下，选择 File｜Export 命令，将数据导出为文件〈Ni2MnGa. csv〉。

对于单个原子的态密度图，则需要在进行分析之前在〈Ni2MnGa. xsd〉图中选中该原子。

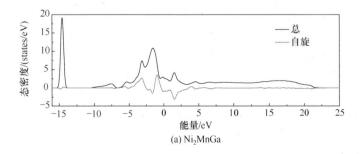

(a) Ni_2MnGa

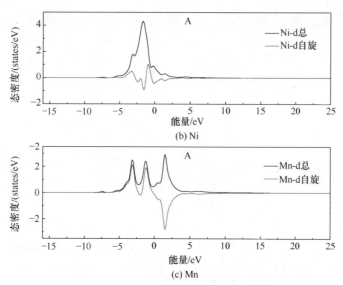

图 7.14　$Ni_2MnGa(L2_1)$总态密度及 Ni、Mn 原子 3d 轨道分波态密度

在 Origin 中作好总态密度图和单个原子态密度图之后,单击左侧的 Merge 按钮,将多个图层合并到一个图层。这样,即可得到 $Ni_2MnGa(L2_1)$ 的总态密度图,以及 Ni 原子、Mn 原子的 d 轨道分波态密度图。

7.3　Heusler 合金 Ni_2MnGa(四方)的电子结构计算(CASTEP)

本节将采用 CASTEP 软件对 Ni_2MnGa(四方)进行电子结构计算。下面是电子结构计算的过程。

1. 建立新工程并建立 Ni_2MnGa(四方)原胞

打开 Materials Studio 平台,建立新的工程〈New Project〉,并重命名为〈Ni2MnGa1.26〉。在该工程中导入第 6 章充分优化后的 Ni_2MnGa(四方)结构,结构文件为〈Ni2MnGa1.26.xsd〉,注意导入的应该是原胞。

2. 态密度计算

激活充分优化后的结构的生成文件〈Ni2MnGa1.26.xsd〉,选择 Modules | CASTEP | Calculation 命令,打开 CASTEP Calculation 对话框。具体设置中除了设置 k-points set 为 $12×12×15$ 外,其他设置与 7.2 节基本相同(图 7.12),如图 7.15所示。

设置完成后,单击 Run 按钮进行态密度计算,计算完成后会自动生成一个新的文件夹〈Ni2MnGa1.26 CASTEP Energy〉。

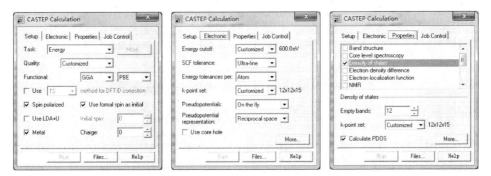

图 7.15　CASTEP Calculation 对话框的具体设置

3. 提取计算结果及数据处理

在新的文件夹〈Ni2MnGa1.26　CASTEP　Energy〉下找到新生成文件〈Ni2MnGa1.26.xsd〉，并将其激活；采用与 7.2 节相同的方法生成对应的 Ni_2MnGa（四方）总态密度及 Ni、Mn 原子 3d 轨道分波态密度，如图 7.16 所示。

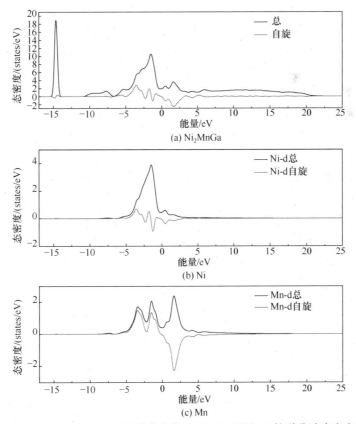

图 7.16　Ni_2MnGa（四方）总态密度及 Ni、Mn 原子 3d 轨道分波态密度

7.4　Heusler 合金 $Ni_2MnGa(L2_1)$ 的电子结构计算（VASP）

本节将介绍如何采用 VASP 软件对 $Ni_2MnGa(L2_1)$ 进行电子结构计算。电子态密度的计算过程分为四个步骤。

第一步　结构优化，得到最后一步的原子结构。重要的参数设置有 NSW＝30、ISIF＝3 等。NSW 规定了优化的步数，NSW＝30 表示优化 30 步；ISIF 则规定了优化的方式，ISIF＝3 表示计算过程中晶体形状、晶体体积、原子位置等均可优化。

第二步　对优化后结构进行静态自洽计算，得到最后一步的电子结构。重要的参数设置有 LWAVE＝.TRUE., LCHARG＝.TRUE., IBRION＝−1, NSW＝0。所谓静态计算就是体系结构、形状完全不变，只进行能量计算。

第三步　将静态计算产生的〈CHGCAR〉文件复制到需要计算电子态密度的目录中，进行态密度等性质非自洽计算。重要的参数设置有 ISTART＝1；ICHARG＝11；LORBIT＝11；NEDOS＝1200。

第四步　对态密度非自洽计算的输出文件〈DOSCAR〉进行总态密度〈DOS0〉和各个原子的各轨道态密度的分割，可运行程序 split_dos.ksh。在作态密度图时更精确的处理应该扣除费米能级，只要对能量作一个平移即可，这样把费米能级设定在 0eV 处。本章态密度作图时没有进行扣除费米面的平移处理。

第一步的结构优化详见 6.4 节，在此省略。接下来，进行后续的计算。

7.4.1　静态自洽计算

在进行静态自洽计算时，在新建文件夹〈Ni2MnGa〉中建立 VASP 的四个输入文件〈POSCAR〉、〈POTCAR〉、〈KPOINTS〉、〈INCAR〉。其中，对于输入文件〈POSCAR〉，只需将第一步的结构优化（6.4 节）后的输出文件〈CONTCAR〉（源文件 6.8）重命名为〈POSCAR〉即可；输入文件〈POTCAR〉可复制 4.2 节已存档的文件；输入文件〈KPOINTS〉中设置 k 点为 $12 \times 12 \times 12$；输入文件〈INCAR〉见源文件 7.1。

源文件 7.1　输入文件〈INCAR〉

```
SYSTEM=Ni2MnGa
######################files
ISTART=0
ICHARG=2
####################general
```

```
ISPIN=2
MAGMOM=2*1 3 0
GGA=PE
ENCUT=600
EDIFF=-1E-5
PREC=Accurate
#LORBIT=11
LREAL=.FALSE.
#LWAVE=.FALSE.                    #保存 WAVECAR,采用默认值
#LCHARG=.FALSE.                   #保存 CHGCAR 和 CHG,采用默认值
#NEDOS=1200
####################smear
ISMEAR=-5                         #带有 Blöchl 修正的四面体方法
# SIGMA=0.2
####################relaxation
NSW=0
#ISIF=2
#POTIM=0.5
IBRION=-1                         #不作离子弛豫
#EDIFFG=-1E-4
```

　　运行 VASP 进行计算,结束后会生成一系列输出文件,找到输出文件〈CHG-CAR〉,该文件将用于后续的态密度计算。静态计算过程中,仔细分析输入文件〈POSCAR〉和输出文件〈CONTCAR〉发现它们是一样的,即在静态计算过程中结构没有发生任何改变。

7.4.2　态密度非自洽计算

　　在进行态密度非自洽计算时,在文件夹〈Ni2MnGa〉中建立计算态密度的新文件夹〈DOS〉,并在〈DOS〉中建立 VASP 的四个输入文件〈POSCAR〉、〈POTCAR〉、〈KPOINTS〉、〈INCAR〉。其中,输入文件〈POSCAR〉和〈POTCAR〉直接复制第二步静态计算的即可;输入文件〈KPOINTS〉中将 k 点设置为 $19 \times 19 \times 19$;输入文件〈INCAR〉见源文件 7.2;复制第二步静态计算中产生的输出文件〈CHGCAR〉。这样,文件夹〈DOS〉内包含了五个输入文件。

源文件 7.2　输入文件〈INCAR〉

```
SYSTEM=Ni2MnGa
```

```
######################files
ISTART = 1                      #读取前一步 scf 的<WAVECAR>和<CHGCAR>,无需从头开始
ICHARG =11                      #读取前一步的<CHGCAR>
#####################general
ISPIN=2
MAGMOM=2*1 3 0
GGA=PE
ENCUT=600
EDIFF=1E-5
PREC=Accurate
LORBIT=11                       #将分波态密度输出到(DOSCAR)
LREAL=.FALSE.
LWAVE=.FALSE.
LCHARG=.FALSE.
NEDOS=1200                      #DOS 中设置的格点数目,数值设置越大,画出的 DOS 结构就越精细
#####################smear
ISMEAR=-5
#SIGMA=0.2
#####################relaxation
NSW=0
#ISIF=2
#POTIM=0.5
IBRION=-1
#EDIFFG=-1E-4
```

运行 VASP 进行计算,计算结束后会生成一系列输出文件,从中找到输出文件〈DOSCAR〉以用于后续的态密度分割。

7.4.3 态密度分割及作态密度图

对于第三步的输出文件〈DOSCAR〉,需要使用一个小脚本将其中的态密度分割出来。具体操作为:将 split_dos.ksh、split_dos 和 vp 三个文件放在和〈DOSCAR〉同一目录下;运行 split_dos.ksh 程序(注意,要保证当前目录下有对应的〈OUTCAR〉和〈POSCAR〉文件),则会在该目录下生成五个新文件,分别为〈DOS0〉、〈DOS1〉、〈DOS2〉、〈DOS3〉、〈DOS4〉,分别代表总态密度和 Ni1、Ni2、Mn、Ga 原子的分波态密度。态密度文件的能量值是以费米能级作为能量参考零点的。由于〈DOS2〉和〈DOS1〉相同,〈DOS4〉数值比较小,下面主要阐述〈DOS0〉、〈DOS1〉和〈DOS3〉的态密度作图过程。

　　〈DOS0〉文件的第 1 列数据是能量值,单位为 eV;第 2、3 列数据分别是上、下自旋总态密度,单位为单胞的 states/eV;第 4、5 列数据分别是上、下自旋总态密度的积分值,也就是电子数,单位为 electrons。用 Origin 软件将〈DOS0〉文件中第 1 列能量值作为横坐标,第 2、3 列态密度数据作为纵坐标,作图得到上、下自旋总态密度,如图 7.17 所示。

　　〈DOS1〉文件为 Ni 的各轨道态密度文件,共有 19 列,其中第 1 列是能量,第 2～19列是各轨道的态密度,如表 7.1 所示,其中,+表示 spin_up,−表示 spin_down。

表 7.1　〈DOS1〉文件各列数据对应的轨道

列数	1	2	3	4	5	6	7	8	9	10	11	12	13	14	15	16	17	18	19
轨道	能量	s_{1+}	s_{1-}	p_{1+}	p_{1-}	p_{2+}	p_{2-}	p_{3+}	p_{3-}	d_{1+}	d_{1-}	d_{2+}	d_{2-}	d_{3+}	d_{3-}	d_{4+}	d_{4-}	d_{5+}	d_{5-}

　　Ni 的 d 轨道简并 t_{2g} 态和 e_g 态为

$$d\_t_{2g}\_up = (d_{1+}) + (d_{2+}) + (d_{4+})$$
$$d\_t_{2g}\_down = (d_{1-}) + (d_{2-}) + (d_{4-})$$
$$d\_e_g\_up = (d_{3+}) + (d_{5+})$$
$$d\_e_g\_down = (d_{3-}) + (d_{5-})$$

　　将 19 列数据复制到 Excel 中,在第一行上方插入一行,给各列数据标上名称;添加 Ni_d_t2g_up、Ni_d_t2g_down、Ni_d_eg_up 和 Ni_d_eg_down 四列,运用 Excel中的插入函数等方法计算新添加四列的数值。

　　在 Origin 软件中以能量为横坐标,以 Ni_d_t2g_up、Ni_d_t2g_down、Ni_d_eg_up 和 Ni_d_eg_down 四列数据为纵坐标作图,即可得到 Ni 的 3d 轨道分波态密度,如图 7.17 所示。另外还可对图像进行再处理,例如,选择合适的坐标范围,对 d_t2g、d_eg 分别用不同的线条表示、添加文本标注等。

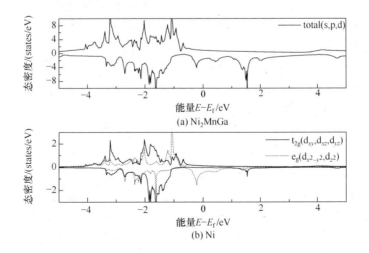

(a) Ni$_2$MnGa

(b) Ni

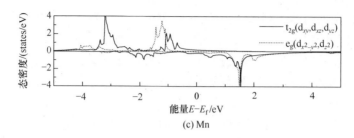

图 7.17　$Ni_2MnGa(L2_1)$ 总态密度及 Ni、Mn 原子 3d 轨道分波态密度

〈DOS3〉文件为 Mn 的各轨道态密度文件。重复上述过程,得到 Mn 的 3d 轨道分波态密度,如图 7.17 所示。

如果只要计算每个原子的局域态密度,可以设 LORBIT=10,则对 s、p、d 轨道不作分解。

7.5　Heusler 合金 Ni_2MnGa(四方)的电子结构计算(VASP)

本节将详细介绍采用 VASP 软件对 Ni_2MnGa(四方)进行电子结构计算的方法。下面是电子结构计算的过程,具体和 7.4 节一样。

第一步的结构优化操作详见 6.5 节,在此省略。接下来,继续进行后面的计算步骤。

7.5.1　静态自洽计算

当第二步进行静态自洽计算时,在新建文件夹〈Ni2MnGa1.26〉中建立 VASP 的四个输入文件〈POSCAR〉、〈POTCAR〉、〈KPOINTS〉、〈INCAR〉。其中,对于输入文件〈POSCAR〉,将第一步的结构优化(6.5 节)后的输出文件〈CONTCAR〉(源文件 6.9)重命名为〈POSCAR〉即可;对于输入文件〈POTCAR〉,复制 4.2 节已存档的文件即可;输入文件〈KPOINTS〉中将 k 点设置为 $11×11×11$;对于输入文件〈INCAR〉,复制 7.4 节静态计算的源文件 7.1 即可。

运行 VASP 进行计算,结束后从生成的一系列输出文件中找到输出文件〈CHGCAR〉以用于后续的态密度计算。

7.5.2　态密度非自洽计算

在第三步进行态密度非自洽计算时,在文件夹〈Ni2MnGa1.26〉中建立计算态密度的新文件夹〈DOS〉,并在〈DOS〉中建立 VASP 的四个输入文件〈POSCAR〉、〈POTCAR〉、〈KPOINTS〉、〈INCAR〉。其中,输入文件〈POSCAR〉和〈POTCAR〉直接复制第二步静态计算的文件即可;输入文件〈KPOINTS〉中将 k 点设置为 $19×$

19×19；输入文件〈INCAR〉复制 7.4 节态密度计算的源文件 7.2 即可；复制第二步静态计算产生的输出文件〈CHGCAR〉。这样，文件夹〈DOS〉内包含了五个输入文件。

　　运行 VASP 进行计算，结束后从生成的输出文件中找到输出文件〈DOSCAR〉以用于后续的态密度分割。

7.5.3　态密度分割及作态密度图

　　对于第三步的输出文件〈DOSCAR〉，采用与 7.4.3 节相同的方法，进行态密度分割及态密度图的绘制，得到上、下自旋总态密度图、Ni 的 3d 轨道分波态密度图和 Mn 的 3d 轨道分波态密度图，如图 7.18 所示。

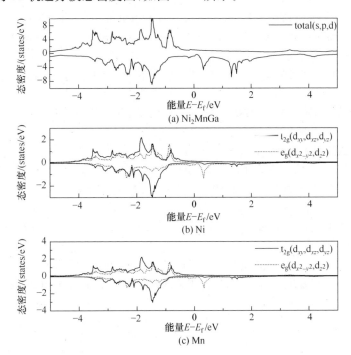

图 7.18　Ni₂MnGa（四方）总态密度及 Ni、Mn 原子 3d 轨道分波态密度

　　通过以上计算可见，Ni₂MnGa（L2₁）总态密度的自旋向上部分处于费米能级以下；自旋向下部分有两个主峰，分别居于费米能级两侧，低能处的峰值主要来源于 Ni 的 d 带，高能处的峰值来源于 Mn 的 d 带；Mn 的 d 带自旋向下部分几乎是空的，因此 Ni₂MnGa 磁矩的携带者主要是 Mn 原子，源于 Mn 原子的 d-e_g 和 d-t₂_g 亚带；Ni 原子提供了少量磁性；四方变形使总磁矩降低。

参 考 文 献

[1] Bai J,Raulot J M,Zhang Y D, et al. Crystallographic,magnetic,and electronic structures of ferromagnetic shape memory alloys Ni_2XGa ($X=Mn,Fe,Co$) from first-principles calculations[J]. Journal of Applied Physics,2011,109(1):014908-1-014908-6.

[2] Qawasmeh Y,Hamad B. Investigation of the structural,electronic,and magnetic properties of Ni-based Heusler alloys from first principles[J]. Journal of Applied Physics,2012,111(3):033905-1-033905-7.

[3] Chakrabarti A,Siewert M,Roy T,et al. Ab initio studies of effect of copper substitution on the electronic and magnetic properties of Ni_2MnGa and Mn_2NiGa[J]. Physical Review B,2013,88(17):174116-1-174116-11.

[4] Al-Zyadi J,Gao G Y,Yao K L. Theoretical investigation of the electronic structures and magnetic properties of the bulk and surface (001) of the quaternary Heusler alloy NiCoMnGa[J]. Journal of Magnetism and Magnetic Materials,2015,378(3):1-6.

[5] 王家佳,陈爱华,李瑜璞,等.压力下钒发生相变的第一性原理计算[J].东南大学学报(自然科学版),2009,39(5):1028-1032.

[6] 米传同,刘国平,王家佳,等.缺陷石墨烯吸附 Au、Ag、Cu 的第一性原理计算[J].物理化学学报,2014(7):1230-1238.

[7] 韩汝琦,黄昆.固体物理学[M].北京:高等教育出版社,1998.

[8] 谢希德,陆栋.固体能带理论[M].上海:复旦大学出版社,1998.

[9] 朱洪元.群论和量子力学中的对称性[M].北京:北京大学出版社,2009.

[10] Landa A,Klepeis J,Soderlind P,et al. Fermi surface nesting and pre-martensitic softening in V and Nb at high pressures[J].Journal of Physics:Condensed Matter,2006,18(22):5079-5085.

[11] Landa A,Klepeis J,Soderlind P,et al. Ab initio calculations of elastic constants of the bcc V-Nb system at high pressures[J].Journal of Physics and Chemistry of solids,2006,67(9/10):2056-2064.

第8章 Heusler 合金弹性常数和体积模量的计算

弹性常数也是材料的一个基本性质,它描述了晶体对外加应变响应的刚度。弹性常数与固体其他基本物理属性相关,同时也与晶体结构的稳定性密切相关[1-5]。Ni_2MnGa 的弹性常数可以采用第一性原理的方法计算得到[6-11],本章就来详细讲述 Heusler 合金的弹性常数和体积模量的计算方法。

8.1 弹性常数及其计算

8.1.1 弹性常数简介

晶体弹性变形指晶体受到外力作用而发生变形,当撤去外力时,晶体仍能恢复到原来状态的变形。使晶体发生弹性变形的应力必须低于一定的极限值,即所谓的弹性极限,低于弹性极限的应变与应力的关系属于弹性的性质。由于晶体呈现各向异性,所以其弹性一般都表现出各向异性。

在应变很小的情况下,体系的内能与应变的大小存在二次线性关系,满足胡克定律。胡克定律定义了固体受作用时应力与应变之间的正比关系,广义胡克定律可表示为

$$\begin{bmatrix} \sigma_x \\ \sigma_y \\ \sigma_z \\ \tau_{yz} \\ \tau_{zx} \\ \tau_{xy} \end{bmatrix} = \begin{bmatrix} C_{11} & C_{12} & C_{13} & C_{14} & C_{15} & C_{16} \\ C_{21} & C_{22} & C_{23} & C_{24} & C_{25} & C_{26} \\ C_{31} & C_{32} & C_{33} & C_{34} & C_{35} & C_{36} \\ C_{41} & C_{42} & C_{43} & C_{44} & C_{45} & C_{46} \\ C_{51} & C_{52} & C_{53} & C_{54} & C_{55} & C_{56} \\ C_{61} & C_{62} & C_{63} & C_{64} & C_{65} & C_{66} \end{bmatrix} \begin{bmatrix} \varepsilon_x \\ \varepsilon_y \\ \varepsilon_z \\ \gamma_{yz} \\ \gamma_{zx} \\ \gamma_{xy} \end{bmatrix}$$

其中,$[\sigma]$ 为应力,$[\varepsilon]$ 为应变,$[C_{ij}]$ 为弹性常数。$[C_{ij}]$ 弹性常数矩阵中共有 36 个常数,可表示为

$$[C_{ij}] = \begin{bmatrix} C_{11} & C_{12} & C_{13} & C_{14} & C_{15} & C_{16} \\ C_{21} & C_{22} & C_{23} & C_{24} & C_{25} & C_{26} \\ C_{31} & C_{32} & C_{33} & C_{34} & C_{35} & C_{36} \\ C_{41} & C_{42} & C_{43} & C_{44} & C_{45} & C_{46} \\ C_{51} & C_{52} & C_{53} & C_{54} & C_{55} & C_{56} \\ C_{61} & C_{62} & C_{63} & C_{64} & C_{65} & C_{66} \end{bmatrix}$$

对于晶体,由于晶系存在 $C_{ij} = C_{ji}$ 的关系,所以弹性常数由 36 个减少到 21 个

$$
[C_{ij}] = \begin{bmatrix}
C_{11} & C_{12} & C_{13} & C_{14} & C_{15} & C_{16} \\
 & C_{22} & C_{23} & C_{24} & C_{25} & C_{26} \\
 & & C_{33} & C_{34} & C_{35} & C_{36} \\
 & & & C_{44} & C_{45} & C_{46} \\
 & & & & C_{55} & C_{56} \\
 & & & & & C_{66}
\end{bmatrix}
$$

晶系的对称性越高,独立的弹性常数就会越少。例如,立方晶系的独立弹性常数只有三个,六方晶系的独立弹性常数有五个,四方晶系的独立弹性常数有六个,单斜晶系的独立弹性常数则有 13 个。有了晶体的弹性常数,就可以很方便地推算出其多晶的各类弹性模量,如体积模量、剪切模量、杨氏模量和泊松比等。

8.1.2　弹性常数计算方法

弹性常数的独立变量很多,实验测定有很大困难。目前,利用第一性原理计算晶体的二阶及高阶弹性常数已经成为一种重要的方法。第一性原理很容易计算变形前、后晶体的能量和应力,根据弹性理论,就可以获得对应的弹性常数。通过晶体结构稳定性判据,还可以利用弹性常数分析晶体的稳定性。

计算弹性常数之前,首先要了解所要计算的晶体结构,如立方、四方、正交、单斜、三斜、六方、三方结构;然后,确定计算对象的弹性常数有几个独立的分量;最后,针对每一个独立分量 $[C_{ij}]$ 给定相应的应变矩阵。

弹性常数的第一性原理的计算过程可以分为两个阶段:第一个阶段是对晶体施加弹性极限范围内的应变,这在计算中以矩阵的形式体现,并且针对每个独立的弹性常数分量矩阵的形式也会有所不同。第二阶段是先计算应变作用下晶体发生变形前后的应力及能量的变化,然后根据胡克定律得到相应的弹性常数。

目前,利用第一性原理计算弹性常数最常见的方法主要有两种,即应力-应变法和能量-应变法。其中,应力-应变法基于广义胡克定律,能量-应变法基于应变能密度的 Taylor 级数展开。应力-应变法的一个显著特点是只需要很少的应变模式就能计算出全部的弹性常数。例如,对于立方晶体,只需要一个应变模式即可得到 C_{11}、C_{12} 和 C_{44}。能量-应变法的特点则是计算量大,例如,同样是立方晶体,需要设计三个应变模式分别获得三元一次方程组,才能得到全部弹性常数。

8.1.3　Heusler 合金 $Ni_2MnGa(L2_1)$ 的弹性常数和体积模量简介

Heusler 合金 $Ni_2MnGa(L2_1)$ 的空间群号为 225,空间群为 FM-3M,属立方晶系。

随着晶体对称性的提高,其弹性常数的非零独立分量的个数就会减少,立方晶

系的 $C_{11} = C_{22} = C_{33}$，$C_{12} = C_{13} = C_{23}$，$C_{44} = C_{55} = C_{66}$，其余为 0，即立方晶系的弹性常数只有 C_{11}、C_{12} 和 C_{44} 这三个独立分量：

$$[C_{ij}] = \begin{bmatrix} C_{11} & C_{12} & C_{12} & 0 & 0 & 0 \\ & C_{11} & C_{12} & 0 & 0 & 0 \\ & & C_{11} & 0 & 0 & 0 \\ & & & C_{44} & 0 & 0 \\ & & & & C_{44} & 0 \\ & & & & & C_{44} \end{bmatrix}$$

有了弹性常数，体积模量、剪切模量、杨氏模量和泊松比等都能很方便地得到，如立方晶系的体积模量为

$$B_V = B_R = B_H = \frac{C_{11} + 2C_{12}}{3}$$

8.1.4　Heusler 合金 Ni_2MnGa（四方）的弹性常数和体积模量简介

Heusler 合金 Ni_2MnGa（四方）的空间群号为 139，空间群为 I4/MMM，属四方晶系。

随着晶体的对称性的提高，其弹性常数的非零独立分量的个数就会减少，Ni_2MnGa（四方）的 $C_{11} = C_{22}$，C_{12}，$C_{13} = C_{23}$，C_{33}，$C_{44} = C_{55}$，C_{66}，其余为 0，即四方晶系的弹性常数只有 C_{11}、C_{12}、C_{13}、C_{33}、C_{44}、C_{66} 这六个独立分量：

$$[C_{ij}] = \begin{bmatrix} C_{11} & C_{12} & C_{13} & 0 & 0 & 0 \\ & C_{11} & C_{13} & 0 & 0 & 0 \\ & & C_{33} & 0 & 0 & 0 \\ & & & C_{44} & 0 & 0 \\ & & & & C_{44} & 0 \\ & & & & & C_{66} \end{bmatrix}$$

同样，有了弹性常数就可以方便地得到体积模量、剪切模量、杨氏模量和泊松比等。例如，四方晶系的体积模量为

$$B_V = \frac{2C_{11} + 2C_{12} + 4C_{13} + C_{33}}{9}$$

8.2　Heusler 合金 $Ni_2MnGa(L2_1)$ 的弹性常数和弹性模量计算（CASTEP，应力-应变法）

应力-应变法是对晶胞弹性极限范围内施加一个微小变形，通过分析晶体受力

情况从而得到应力张量与应变张量的关系,由胡克定律求出弹性常数。

本节将通过 CASTEP 软件采用应力-应变法计算 $Ni_2MnGa(L2_1)$ 的弹性常数和弹性模量。需要特别注意的是,应对充分优化后的结构进行弹性常数和弹性模量的计算。

1. 运行 CASTEP | Calculation 计算弹性常数

找到 6.2 节的文件夹〈Ni2MnGa CASTEP GeomOpt〉下的结构优化生成文件〈Ni2MnGa. xsd〉,同样要将其激活,选择 Modules | CASTEP | Calculation 命令,打开 CASTEP Calculation 对话框。计算弹性常数的具体设置如下。

在 Task 选项框中选择 Elastic Constants,单击 More 按钮,打开 CASTEP Elastic Constants 对话框,在此设置 Number of steps for each strain 为 4,设置 Maximum strain amplitude 为 0.003,应变模式只有一个为(1,0,0,1,0,0);返回 CASTEP Calculation 对话框,在 Electronic 选项卡中选择 Pseudopotentials(赝势) 为 Ultrasoft,设置 Energy cutoff(截断能)为 600eV,设置 k-points set 为 $12 \times 12 \times 12$;在 Job Control 选项卡中选择多核并行计算,如图 8.1 所示。

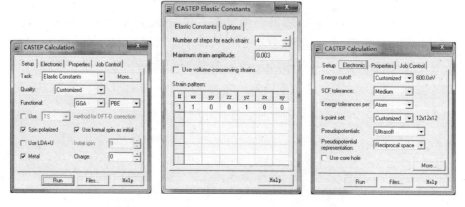

图 8.1　CASTEP Calculation 对话框的具体设置

单击 Run 按钮进行弹性常数计算。计算完成后会生成四组文件〈_cij_m_n. castep〉,每个文件都代表确定的晶胞在假设的应变模式和应变振幅下的几何优化运行结果,m 代表当前的应变模式,n 代表当前的应变振幅。

2. 运行 CASTEP | Analysis 生成弹性常数和弹性模量

接下来,对弹性常数计算的生成文件进行分析。首先在新生成的文件夹

〈Ni2MnGa CASTEP Cij〉中激活文件〈Ni2MnGa. xsd〉
或〈Ni2MnGa. castep〉,然后选择 CASTEP | Analysis
| Elastic Constants 命令,打开 CASTEP Analysis 对
话框以分析弹性常数,具体设置如图 8.2 所示。

　　单击 Calculate 按钮,即可进行弹性常数的
分析。

3. 提取计算结果及分析

　　计算完成后,得到生成文件〈Ni2MnGa Elastic
Constants. txt〉,见源文件 8.1。其中给出了全面的
$Ni_2MnGa(L2_1)$ 弹性性质,如弹性常数 $[C_{ij}]$ 矩阵、弹
性柔量 $[S_{ij}]$ 矩阵、体积模量及其倒数(体积柔量)、
杨氏模量、泊松比和 Lame 常数等。

图 8.2　CASTEP Analysis
对话框的具体设置

源文件 8.1　生成文件〈Ni2MnGa Elastic Constants. txt〉

......

===================================

Elastic Stiffness Constants Cij (GPa)

===================================

162. 14865	154. 18615	154. 18615	0. 00000	0. 00000	0. 00000
154. 18615	162. 14865	154. 18615	0. 00000	0. 00000	0. 00000
154. 18615	154. 18615	162. 14865	0. 00000	0. 00000	0. 00000
0. 00000	0. 00000	0. 00000	109. 88620	0. 00000	0. 00000
0. 00000	0. 00000	0. 00000	0. 00000	109. 88620	0. 00000
0. 00000	0. 00000	0. 00000	0. 00000	0. 00000	109. 88620

===================================

Elastic Compliance Constants Sij (1/GPa)

===================================

0. 0844342	-0. 0411545	-0. 0411545	0. 0000000	0. 0000000	0. 0000000
-0. 0411545	0. 0844342	-0. 0411545	0. 0000000	0. 0000000	0. 0000000
-0. 0411545	-0. 0411545	0. 0844342	0. 0000000	0. 0000000	0. 0000000
0. 0000000	0. 0000000	0. 0000000	0. 0091003	0. 0000000	0. 0000000
0. 0000000	0. 0000000	0. 0000000	0. 0000000	0. 0091003	0. 0000000
0. 0000000	0. 0000000	0. 0000000	0. 0000000	0. 0000000	0. 0091003

　Bulk modulus　　=　　156. 84032 +/-　　0. 439 (GPa)

```
   Compressibility =     0.00638 (1/GPa)

     Axis    Young Modulus(GPa)             Poisson Ratios
 X      11.84354        Exy=0.4874   Exz=0.4874
 Y      11.84354        Eyx=0.4874   Eyz=0.4874
 Z      11.84354        Ezx=0.4874   Ezy=0.4874

     =================================================
     Elastic constants for polycrystalline material (GPa)
     =================================================
                         Voigt       Reuss        Hill
 Bulk modulus         :   156.84032   156.84032   156.84032
 Shear modulus (Lame Mu)  :    67.52422     9.44009    38.48216
 Lame lambda          :   111.82417   150.54692   131.18555
 -------------------------------------------------------
```

由此，可以得到

$$C_{11} = 162.14865 \text{GPa}$$
$$C_{12} = 154.18615 \text{GPa}$$
$$C_{44} = 109.88620 \text{GPa}$$
$$B_V = B_R = B_H = 156.84032 \text{GPa}$$

8.3　Heusler 合金 Ni_2MnGa（四方）的弹性常数和弹性模量计算（CASTEP，应力-应变法）

本节将结合 CASTEP 软件，采用应力-应变法来计算 Ni_2MnGa（四方）的弹性常数和弹性模量。

1. 运行 CASTEP | Calculation 计算弹性常数

找到 6.3 节的文件夹〈Ni2MnGa1.26 CASTEP GeomOpt〉下的结构优化生成文件〈Ni2MnGa1.26.xsd〉，转化为原胞并将其激活。选择 Modules | CASTEP | Calculation 命令，打开 CASTEP Calculation 对话框，具体设置如下。

在 Task 选项框中选择 Elastic Constants，单击 More 按钮，打开 CASTEPE-lastic Constants 对话框，设置 Number of steps for each strain 为 4，设置 Maximum strain amplitude 为 0.003，应变模式分别为(1,0,0,1,0,0)和(0,0,1,0,0,1)；返回 CASTEP Calculation 对话框，在 Electronic 选项卡中选择 Pseudopotentials（赝势）为 On the fly，设置 Energy cutoff（截断能）为 600eV，设置 k-points set 为 $12 \times 12 \times 15$；在 Job Control 选项卡中选择多核并行计算，如图 8.3 所示。

单击 Run 按钮进行弹性常数计算。计算完成后会生成一批文件〈_cij_m_

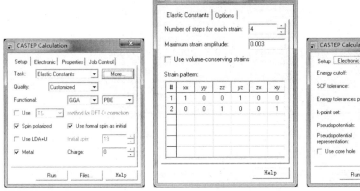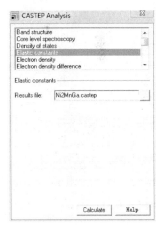

图 8.3　CASTEP Calculation 对话框的具体设置

n. castep〉,每个文件都代表确定的晶胞在假设的应变模式和应变振幅下的几何优化运行结果,m 代表当前的应变模式,n 代表当前的应变振幅。

2. 运行 CASTEP | Analysis 命令生成弹性常数和弹性模量

接下来,对弹性常数计算的生成文件进行分析。在新生成的文件夹〈Ni2MnGa1.26 CASTEP Cij〉中激活文件〈Ni2MnGa1.26. xsd〉或〈Ni2MnGa 1.26. castep〉,选择 CASTEP | Analysis | Elastic Constants 命令,打开分析弹性常数的 CASTEP Analysis 对话框,具体设置如图 8.4 所示。

单击 Calculate 按钮,对弹性常数进行分析。

3. 提取计算结果及分析

计算完成后得到生成文件〈Ni2MnGa1.26 Elastic Constants. txt〉,具体见源文件 8.2。其中给出了全面的 Ni_2MnGa(四方)弹性性质,如弹性常数$[C_{ij}]$矩阵、弹性柔量$[S_{ij}]$矩阵、体积模量和其倒数(体积柔量)、杨氏模量、泊松比和 Lame 常数等。

图 8.4　CASTEP Analysis 对话框的具体设置

源文件 8.2　生成文件〈Ni2MnGa1. 26 Elastic Constants. txt〉

- -

……

==

Elastic Stiffness Constants Cij (GPa)

```
============================================
```

214. 40357	89. 32469	146. 25998	0. 00000	0. 00000	0. 00000
89. 32469	214. 40357	146. 25998	0. 00000	0. 00000	0. 00000
146. 25998	146. 25998	196. 23557	0. 00000	0. 00000	0. 00000
0. 00000	0. 00000	0. 00000	102. 84840	0. 00000	0. 00000
0. 00000	0. 00000	0. 00000	0. 00000	102. 84840	0. 00000
0. 00000	0. 00000	0. 00000	0. 00000	0. 00000	90. 59043

```
============================================
```

Elastic Compliance Constants Sij (1/GPa)

```
============================================
```

0. 0098315	0. 0018365	-0. 0086965	0. 0000000	0. 0000000	0. 0000000
0. 0018365	0. 0098315	-0. 0086965	0. 0000000	0. 0000000	0. 0000000
-0. 0086965	-0. 0086965	0. 0180594	0. 0000000	0. 0000000	0. 0000000
0. 0000000	0. 0000000	0. 0000000	0. 0097230	0. 0000000	0. 0000000
0. 0000000	0. 0000000	0. 0000000	0. 0000000	0. 0097230	0. 0000000
0. 0000000	0. 0000000	0. 0000000	0. 0000000	0. 0000000	0. 0110387

Bulk modulus=151. 29906+/-0. 352 (GPa)

Compressibility=0. 00661 (1/GPa)

Axis	Young Modulus (GPa)	Poisson Ratios
X	101. 71432	Exy=-0. 1868 Exz=0. 8846
Y	101. 71432	Eyx=-0. 1868 Eyz=0. 8846
Z	55. 37294	Ezx= 0. 4815 Ezy=0. 4815

```
====================================================
```

Elastic constants for polycrystalline material (GPa)

```
====================================================
```

		Voigt	Reuss	Hill
Bulk modulus	:	154. 30356	151. 29906	152. 80131
Shear modulus (Lame Mu)	:	75. 47065	49. 24990	62. 36027
Lame lambda	:	103. 98979	118. 46580	111. 22779

　　由此得到

$$C_{11}=214. 40357\text{GPa}$$
$$C_{12}=89. 32469\text{GPa}$$
$$C_{13}=146. 25998\text{GPa}$$

$$C_{33} = 196.23557\text{GPa}$$
$$C_{44} = 102.84840\text{GPa}$$
$$C_{66} = 90.59043\text{GPa}$$
$$B_V = 154.30356\text{GPa}$$
$$B_R = 151.29906\text{GPa}$$
$$B_H = 152.80131\text{GPa}$$

8.4　Heusler 合金 $Ni_2MnGa(L2_1)$ 的弹性常数和弹性模量计算（VASP，应力-应变法）

本节将详细讲述通过 VASP 软件采用应力-应变法计算 $Ni_2MnGa(L2_1)$ 的弹性常数和弹性模量的方法。该过程比较简单，只需对优化好的晶体结构，再进行一次弹性常数的计算即可。

1. 准备输入文件

建立〈Ni2MnGa〉文件夹，在该路径下建立 VASP 的四个输入文件，分别为〈POSCAR〉、〈POTCAR〉、〈KPOINTS〉和〈INCAR〉。其中，对于输入文件〈POSCAR〉，只需将 6.4 节 $Ni_2MnGa(L2_1)$ 原胞充分优化后的输出文件〈CONTCAR〉（源文件 6.8）重命名为〈POSCAR〉即可；输入文件〈POTCAR〉可复制 4.2 节已存档的文件；输入文件〈KPOINTS〉中将 k 点设置为 $11 \times 11 \times 11$；输入文件〈INCAR〉见源文件 8.3，注意计算弹性常数时设置 IBRION＝6，ISIF≥3，NFREE＝4。

源文件 8.3　输入文件〈INCAR〉

```
------------------------------------------------------------
SYSTEM=Ni2MnGa
######################files
ISTART=0
ICHARG=2
######################general
ISPIN=2
MAGMOM=2*1 3 0
GGA=PE
ENCUT=600
EDIFF=1E-5
PREC=Accurate
```

```
#LORBIT=11
LREAL= .FALSE.
LWAVE= .FALSE.
LCHARG= .FALSE.
#NEDOS=1200
#####################smear
ISMEAR=1
SIGMA=0.2
#####################relaxation
NSW=1
ISIF=3
POTIM=0.015              #离子实位移的大小
IBRION=6                 #冷冻声子法
EDIFFG=-1E-4
NFREE=4                  #离子实位移的维度
```

----

2. 进行 VASP 计算

运行 VASP 进行计算。

3. 提取计算结果及分析

计算完成后,在输出文件〈OUTCAR〉中查找"TOTAL ELASTIC MODULI",即可获得弹性常数矩阵,具体见源文件 8.4。

源文件 8.4   输出文件〈OUTCAR〉中弹性常数矩阵

......

```
TOTAL ELASTIC MODULI (kBar)
```

Direction	XX	YY	ZZ	XY	YZ	ZX
XX	1502.7687	1388.8959	1388.8959	0.0000	0.0000	0.0000
YY	1388.8959	1502.7687	1388.8959	0.0000	0.0000	0.0000
ZZ	1388.8959	1388.8959	1502.7687	0.0000	0.0000	0.0000
XY	0.0000	0.0000	0.0000	1047.6014	0.0000	0.0000
YZ	0.0000	0.0000	0.0000	0.0000	1047.6014	0.0000
ZX	0.0000	0.0000	0.0000	0.0000	0.0000	1047.6014

......

从源文件 8.4 中提取弹性常数时需要注意两点：一是应该将弹性常数的单位 kBar 转换为 GPa，这里，10kBar＝1GPa；二是注意弹性常数矩阵脚标的对应关系，应该按照 Voigt 标记进行转换：XX→1、YY→2、ZZ→3、YZ→4、ZX→5、XY→6。

通过计算得到弹性常数

$$C_{11} = 150.28\text{GPa}$$
$$C_{12} = 138.89\text{GPa}$$
$$C_{44} = 104.76\text{GPa}$$

又对于立方晶系，有

$$B_V = B_R = B_H = \frac{C_{11} + 2C_{12}}{3} = 142.69\text{GPa}$$

8.5　Heusler 合金 $Ni_2MnGa(L2_1)$ 的弹性常数和弹性模量计算（VASP，能量-应变法）

能量-应变法计算弹性常数的过程相对比较复杂，有几个弹性常数就要施加几种变形、构建几个方程，通过求解联立方程得到全部弹性常数。本节将结合 VASP 软件，采用能量-应变法来计算 $Ni_2MnGa(L2_1)$ 的弹性常数和弹性模量。

8.5.1　计算思路

应变存在六个独立分量，可以表示为

$$e = (e_1, e_2, e_3, e_4, e_5, e_6)$$

对晶体施加一定应变前后，总能的变化可以表示为

$$\Delta E = \frac{V_0}{2} \sum_{i=1}^{6} \sum_{j=1}^{6} C_{ij} e_i e_j \tag{8-1}$$

式中，V_0 是未加应变时的体积；C_{ij} 是二阶弹性常数；e_i 和 e_j 是应变。

$Ni_2MnGa(L2_1)$ 属于立方晶系，具有三个独立弹性常数，可以采用如下两种方法进行计算。

（1）通过施加三个恰当的应变矩阵，建立三个能量-应变的方程，求出三个弹性常数。

（2）通过施加两个恰当的应变矩阵，建立两个能量-应变的方程；第三个方程通过弹性模量 $B = (C_{11} + 2C_{12})/3$ 建立；求出三个弹性常数。

在此采用第一种方法，并选择最为简单的变形矩阵进行计算。$Ni_2MnGa(L2_1)$ 原胞的体积 V_0 为 48.96Å³。

8.5.2　方程 C_{44} 的计算

通过计算不同应变下的总能，并对总能与应变进行二次拟合，可得到方

程 C_{44}。

1. 对晶体施加一定变形

当施加变形矩阵 $\boldsymbol{P}=(0,0,0,\delta,\delta,\delta)$ 时,总能与应变之间的关系为

$$\Delta E=\frac{3}{2}V_0\,C_{44}\delta^2 \tag{8-2}$$

δ 分别取值为 -0.0100、-0.0075、-0.0050、-0.0025、0、0.0025、0.0050、0.0075、0.0100,先计算出这些应变状态下对应的能量,并与应变关系作图,然后进行二次拟合,即可求出 C_{44} 的值。注意,当应变太大时,线性弹性理论很可能已经不再适用,必须考虑非线性弹性理论的三阶弹性常数。

接下来,将变形矩阵 $\boldsymbol{P}$ 写成

$$\boldsymbol{P}=\begin{bmatrix} 0 & \dfrac{\delta}{2} & \dfrac{\delta}{2} \\[2mm] \dfrac{\delta}{2} & 0 & \dfrac{\delta}{2} \\[2mm] \dfrac{\delta}{2} & \dfrac{\delta}{2} & 0 \end{bmatrix}$$

要获得变形后的原胞基矢,需将变形前充分优化后的原胞基矢 $\boldsymbol{R}$ 与矩阵 $(\boldsymbol{I}+\boldsymbol{P})$ 相乘,即

$$\boldsymbol{R}(\boldsymbol{I}+\boldsymbol{P})=\boldsymbol{R}\begin{bmatrix} 1 & \dfrac{\delta}{2} & \dfrac{\delta}{2} \\[2mm] \dfrac{\delta}{2} & 1 & \dfrac{\delta}{2} \\[2mm] \dfrac{\delta}{2} & \dfrac{\delta}{2} & 1 \end{bmatrix}$$

对 δ 分别取 -0.0100、-0.0075、-0.0050、-0.0025、0、0.0025、0.0050、0.0075、0.0100 代入,可以得到九个对应变形后的原胞基矢。这个过程可以逐个代入人工计算,但非常烦琐,因此可以交由 C 语言程序来完成,见源文件 8.5。

源文件 8.5 矩阵相乘的 C 语言代码

```
#include<stdio.h>
void main()
{int i,j,k;
  long double c[3][3];
  long double d=0.003;
  long double a11=0.0000000000000000,a12=0.4988935317818953,a13=0.4988935317818953;
```

```
long double a21=0.4988935317818953,a22=0.0000000000000000,a23=0.4988935317818953;
long double a31=0.4988935317818953,a32=0.4988935317818953,a33=0.0000000000000000;
long double b11=1,b12=d/2,b13=d/2,b21=d/2,b22=1,b23=d/2,b31=d/2,b32=d/2,b33=1;
long double a[3][3]={a11,a12,a13,a21,a22,a23,a31,a32,a33};
long double b[3][3]={b11,b12,b13,b21,b22,b23,b31,b32,b33};
FILE *fp;
for(i=0;i<3;i=i+1)
for(j=0;j<3;j=j+1)
{c[i][j]=0;
for(k=0;k<3;k=k+1)
c[i][j]=c[i][j]+a[i][k]*b[k][j];
}
fp=fopen("运行结果 0.03.txt","w");          /*将结果写入"运行结果 0.txt"* /
for(i=0;i<3;i=i+1)
{for(j=0;j<3;j=j+1)      fprintf(fp,"% 20.16f",c[i][j]);
fprintf(fp,"\n");
}
fclose(fp);
}
```

　　将原胞基矢矩阵代入 a11～a33,再将变形后的矩阵($I+P$)代入 b11～b33;d（即 δ）分别取 -0.0100、-0.0075、-0.0050、-0.0025、0、0.0025、0.0050、0.0075、0.0100,得到九个变形后的原胞基矢,将它们依次命名为输入文件〈POSCAR〉,进行九次计算。

　　2. 计算九个变形后的原胞的能量

　　利用 VASP 软件计算九个变形后的原胞的能量。具体方法如下。

　　建立〈Ni2MnGa〉文件夹,并在该路径下建立 VASP 的四个输入文件〈POSCAR〉、〈POTCAR〉、〈KPOINTS〉和〈INCAR〉。其中,输入文件〈POSCAR〉即为上述相应的施加变形后的原胞基矢;输入文件〈POTCAR〉复制 4.2 节已存档的文件即可;输入文件〈KPOINTS〉中将 k 点设置为 $11 \times 11 \times 11$;输入文件〈INCAR〉见源文件 8.6,其中 ISIF＝2,NSW＝5。当然,也可以先优化离子实位置后再计算能量。

源文件 8.6　输入文件〈INCAR〉

```
SYSTEM=Ni2MnGa
```

```
####################files
ISTART=0
ICHARG=2
#####################general
ISPIN=2
MAGMOM=2*1 3 0
GGA=PE
ENCUT=600
EDIFF=1E-5
PREC=Accurate
#LORBIT=11
LREAL= .FALSE.
LWAVE= .FALSE.
LCHARG= .FALSE.
#NEDOS=1200
####################smear
ISMEAR=1
SIGMA=0. 2
#####################relaxation
NSW=5
ISIF=2
POTIM=0. 5
IBRION=2
EDIFFG=-1E-4
```

　　运行 VASP 进行计算。

　　3. 数据提取及分析

　　计算完成后得到一系列输出文件,其中输出文件〈OSZICAR〉中给出了体系的最终能量,可选取能量 F 值。例如,与 $\delta=-0.0100$ 对应的〈OSZICAR〉见源文件 8.7,5F$=-.24289178E+02$。

源文件 8.7　输出文件〈OSZICAR〉

	N	E	dE	d eps	ncg	rms	rms(c)
DAV:	1	0. 177501532828E+03	0. 17750E+03	-0. 15047E+04	14610	0. 170E+03	
DAV:	2	-0. 192226432898E+02	-0. 19672E+03	-0. 18691E+03	14605	0. 300E+02	

……

```
  1F=-.24289127E+02   E0=-.24289527E+02   dE=-.242891E+02   mag=4.0715
······
  2F=-.24289153E+02   E0=-.24289548E+02   dE=-.261677E-04   mag=4.0713
······
  3F=-.24289183E+02   E0=-.24289585E+02   dE=-.569174E-04   mag=4.0711
······
  4F=-.24289177E+02   E0=-.24289574E+02   dE=-.506495E-04   mag=4.0711
······
  5F=-.24289178E+02   E0=-.24289577E+02   dE=-.514283E-04   mag=4.0711
```

　　依次在 δ 取值为 -0.0100、-0.0075、-0.0050、-0.0025、0、0.0025、0.0050、0.0075、0.0100 的情况下进行计算，在九个输出文件〈OSZICAR〉中读出体系总能，提取数据并汇总，如表 8.1 所示；进行二次拟合，得到的拟合曲线如图 8.5 所示。

表 8.1　δ 与 E 的数据汇总

δ	-0.010000	-0.007500	-0.005000	-0.002500	0.000000	0.002500	0.005000	0.007500	0.010000
E/eV	-24.289178	-24.291353	-24.292889	-24.293798	-24.294105	-24.293806	-24.292918	-24.291470	-24.289453

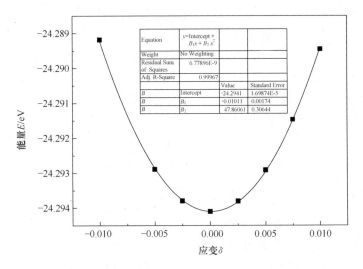

图 8.5　原胞的能量 E-应变 δ 的二次拟合曲线

　　拟合得到的二次式为
$$E=47.86061a^2-0.01011a-24.2941$$
其二次项系数 B_2 为 47.86061。

由式(8-2),并将弹性常数单位转换为 GPa(应乘以系数 160.2),得到第一个方程

$$C_{44}=\frac{2}{3}\frac{B_2}{V_0}\times160.2\mathrm{GPa}=104.40\mathrm{GPa}$$

8.5.3　方程 $C_{11}+C_{12}$ 的计算

通过计算不同应变下的总能,并对总能与应变进行二次拟合,可得到方程 $C_{11}+C_{12}$。$C_{11}+C_{12}$ 的计算步骤和 C_{44} 完全相同,只是变形矩阵不同。

1. 对晶体施加一定变形

当施加变形矩阵 $\boldsymbol{P}=(\delta,\delta,0,0,0,0)$ 时,总能与应变之间的关系为

$$\Delta E=V_0(C_{11}+C_{12})\delta^2 \tag{8-3}$$

将变形矩阵 $\boldsymbol{P}$ 写成

$$\boldsymbol{P}=\begin{bmatrix}\delta & 0 & 0\\0 & \delta & 0\\0 & 0 & 0\end{bmatrix}$$

要获得变形后的原胞基矢,需将变形前充分优化后的原胞基矢 $\boldsymbol{R}$ 与矩阵 $(\boldsymbol{I}+\boldsymbol{P})$ 相乘,即

$$\boldsymbol{R}(\boldsymbol{I}+\boldsymbol{P})=\boldsymbol{R}\begin{bmatrix}1+\delta & 0 & 0\\0 & 1+\delta & 0\\0 & 0 & 1\end{bmatrix}$$

对 δ 分别取 -0.0100、-0.0075、-0.0050、-0.0025、0、0.0025、0.0050、0.0075、0.0100 代入,可以得到九个对应的变形后的原胞基矢。这个过程同样交由 C 语言程序来完成。δ 分别取 -0.0100、-0.0075、-0.0050、-0.0025、0、0.0025、0.0050、0.0075、0.0100 共九个数值;得到九个变形后的原胞基矢;将它们依次命名为输入文件〈POSCAR〉,进行九次计算。

2. 计算九个变形后的原胞的能量

利用 VASP 软件计算九个变形后的原胞的能量。具体方法是:建立〈Ni2MnGa〉文件夹,并在该路径下建立 VASP 的四个输入文件〈POSCAR〉、〈POTCAR〉、〈KPOINTS〉和〈INCAR〉。其中,输入文件〈POSCAR〉为上述相应的施加变形后的原胞基矢;输入文件〈POTCAR〉复制 4.2 节已存档的文件即可;输入文件〈KPOINTS〉中将 k 点设置为 $11\times11\times11$;输入文件〈INCAR〉复制 8.5.2 节的源文件 8.6 即可。

运行 VASP 进行计算。

3. 数据提取及分析

计算完成后得到一系列输出文件,其中输出文件〈OSZICAR〉中给出了体系的最终能量,可选取 F。例如,与 $\delta = -0.0100$ 对应的〈OSZICAR〉见源文件 8.8,$1F = -.24283977E+02$。

源文件 8.8　输出文件〈OSZICAR〉

```
-----------------------------------------------------------------

        N          E               dE          d eps   ncg      rms       rms(c)
DAV:    1    0.178081347426E+03   0.17808E+03  -0.15104E+04 12620  0.171E+03
......
DAV:   10   -0.242844969374E+02   0.53509E-02  -0.14561E-02 18990  0.150E+00  0.345E-01
DAV:   11   -0.242840636434E+02   0.43329E-03  -0.18584E-03 16945  0.685E-01  0.133E-01
DAV:   12   -0.242839725591E+02   0.91084E-04  -0.26324E-04 16685  0.214E-01  0.242E-02
DAV:   13   -0.242839765807E+02  -0.40216E-05  -0.19023E-05 11845  0.779E-02
   1F=-.24283977E+02 E0=-.24284558E+02   dE =-.242840E+02   mag=4.0297
-----------------------------------------------------------------
```

依次在 δ 取值为 -0.0100、-0.0075、-0.0050、-0.0025、0、0.0025、0.0050、0.0075、0.0100 的情况下进行计算,在九个输出文件〈OSZICAR〉中读出体系总能,提取数据并汇总如表 8.2 所示;进行二次拟合,得到的拟合曲线如图 8.6 所示。

表 8.2　δ 与 E 的数据汇总

δ	-0.010000	-0.007500	-0.005000	-0.002500	0.000000	0.002500	0.005000	0.007500	0.010000
E/eV	-24.283977	-24.288423	-24.291573	-24.293453	-24.294105	-24.293538	-24.291795	-24.288905	-24.284896

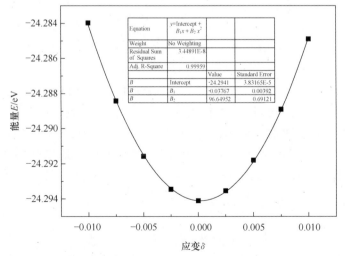

图 8.6　原胞的能量 E-应变 δ 关系的二次拟合曲线

拟合得到的二次式为

$$E=96.64952a^2-0.03767a-24.2941$$

其二次项系数 B_2 为 96.64952。

由式(8-3),并将弹性常数单位转换为 GPa(应乘以系数 160.2),得到第二个方程

$$C_{11}+C_{12}=\frac{B_2}{V_0}\times160.2\text{GPa}=316.24\text{GPa}$$

8.5.4　方程 $\frac{3}{2}(C_{11}+2C_{12})$ 的计算

通过计算不同应变下的总能,并对总能与应变进行二次拟合,得到方程 $\frac{3}{2}(C_{11}+2C_{12})$。$\frac{3}{2}(C_{11}+2C_{12})$ 的计算步骤和 C_{44} 完全相同,只是变形矩阵不同。

1. 对晶体施加一定变形

当施加变形矩阵 $\boldsymbol{P}=(\delta,\delta,\delta,0,0,0)$ 时,总能与应变之间的关系为

$$\Delta E=\frac{3}{2}V_0(C_{11}+2C_{12})\delta^2 \tag{8-4}$$

将变形矩阵 $\boldsymbol{P}$ 写成

$$\boldsymbol{P}=\begin{bmatrix} \delta & 0 & 0 \\ 0 & \delta & 0 \\ 0 & 0 & \delta \end{bmatrix}$$

要获得变形后的原胞基矢,需将变形前充分优化后的原胞基矢 $\boldsymbol{R}$ 与矩阵 $(\boldsymbol{I}+\boldsymbol{P})$ 相乘,即

$$\boldsymbol{R}(\boldsymbol{I}+\boldsymbol{P})=\boldsymbol{R}\begin{bmatrix} \delta+1 & 0 & 0 \\ 0 & \delta+1 & 0 \\ 0 & 0 & \delta+1 \end{bmatrix}$$

对 δ 分别取 -0.0100、-0.0075、-0.0050、-0.0025、0、0.0025、0.0050、0.0075、0.0100 代入,可以得到九个对应变形后的原胞基矢。这个过程由 C 语言程序来完成。δ 分别取 -0.0100、-0.0075、-0.0050、-0.0025、0、0.0025、0.0050、0.0075、0.0100 共九个数值;得到九个变形后的原胞基矢;将它们依次命名为输入文件〈POSCAR〉,进行九次计算。

2. 计算九个变形后的原胞的能量

利用 VASP 软件计算九个变形后的原胞的能量。具体方法是:建立〈Ni2MnGa〉文件夹,并在该路径下建立 VASP 的四个输入文件〈POSCAR〉、

〈POTCAR〉、〈KPOINTS〉和〈INCAR〉。其中，输入文件〈POSCAR〉即为上述相应的施加变形后的原胞基矢；输入文件〈POTCAR〉复制 4.2 节已存档的文件即可；输入文件〈KPOINTS〉中将 k 点设置为 $11 \times 11 \times 11$；输入文件〈INCAR〉复制 8.5.2 节的源文件 8.6 即可。

运行 VASP 进行计算。

3. 数据提取及分析

计算完成后得到一系列输出文件，其中输出文件〈OSZICAR〉中给出了体系的最终能量，可选取 F。例如，与 $\delta = -0.0100$ 对应的〈OSZICAR〉见源文件 8.9，$1F = -.24271430E+02$。

源文件 8.9　输出文件〈OSZICAR〉

```
-------------------------------------------------------------------------

       N          E            dE            d eps      ncg     rms      rms(c)
DAV:   1    0.180089835596E+03  0.18009E+03  -0.15101E+04  5600  0.172E+03
……
DAV:  10   -0.242718931545E+02  0.55795E-02  -0.15156E-02  8480  0.155E+00  0.346E-01
DAV:  11   -0.242715215793E+02  0.37158E-03  -0.17905E-03  7475  0.686E-01  0.127E-01
DAV:  12   -0.242714260041E+02  0.95575E-04  -0.24229E-04  7450  0.198E-01  0.231E-02
DAV:  13   -0.242714303389E+02 -0.43348E-05  -0.17646E-05  5230  0.739E-02

     1F=-.24271430E+02  E0=-.24272222E+02   dE=-.242714E+02   mag=4.0045

-------------------------------------------------------------------------
```

依次在 δ 取 -0.0100、-0.0075、-0.0050、-0.0025、0、0.0025、0.0050、0.0075、0.0100 的情况下进行计算，在九个输出文件〈OSZICAR〉中读出体系总能，提取数据并汇总如表 8.3 所示；进行二次拟合，得到的拟合曲线如图 8.7 所示。

表 8.3　δ 与 E 的数据汇总

δ	-0.010000	-0.007500	-0.005000	-0.002500	0.000000	0.002500	0.005000	0.007500	0.010000
E/eV	-24.271430	-24.281446	-24.288497	-24.292678	-24.294105	-24.292822	-24.288926	-24.282496	-24.273612

拟合得到的二次式为

$$E = 215.79463a^2 - 0.08587a - 24.2941$$

其二次项系数 B_2 为 215.79463。

由式(8-4)，并将弹性常数单位转换为 GPa(应乘以系数 160.2)，得到第三个方程

$$\frac{3}{2}(C_{11} + 2C_{12}) = \frac{B_2}{V_0} \times 160.2\text{GPa} = 706.09\text{GPa}$$

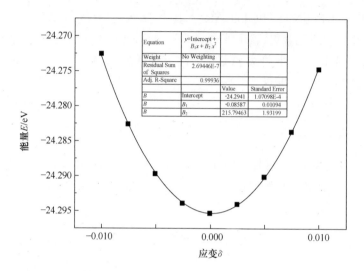

图 8.7　原胞的能量 E-应变 δ 的二次拟合曲线

8.5.5　三个方程联立求解

下面对三个方程联立进行求解。

$$C_{44} = \frac{2\,B_2}{3V_0} \times 160.2\mathrm{GPa} = 104.40\mathrm{GPa}$$

$$C_{11} + C_{12} = \frac{B_2}{V_0} \times 160.2\mathrm{GPa} = 316.24\mathrm{GPa}$$

$$\frac{3}{2}(C_{11} + 2\,C_{12}) = \frac{B_2}{V_0} \times 160.2\mathrm{GPa} = 706.09\mathrm{GPa}$$

得到

$$C_{11} = 161.76\mathrm{GPa}$$
$$C_{12} = 154.49\mathrm{GPa}$$
$$C_{44} = 104.40\mathrm{GPa}$$
$$B_{\mathrm{V}} = B_{\mathrm{R}} = B_{\mathrm{H}} = \frac{C_{11} + 2\,C_{12}}{3} = 156.91\mathrm{GPa}$$

8.6　Heusler 合金 $\mathrm{Ni_2MnGa}$(四方)的弹性常数和弹性模量计算(VASP,应力-应变法)

本节将通过 VASP 软件使用应力-应变法计算 $c/a = 1.26$ 的 $\mathrm{Ni_2MnGa}$(四方)的弹性常数和弹性模量。该过程比较简单,只需对优化好的晶体结构再进行一次弹性常数的计算。

1. 准备输入文件

建立〈Ni2MnGa1.26〉文件夹,并在该路径下建立 VASP 的四个输入文件〈POSCAR〉、〈POTCAR〉、〈KPOINTS〉和〈INCAR〉。其中,输入文件〈POSCAR〉可以将 6.5 节 Ni_2MnGa(四方)原胞充分优化后的输出文件〈CONTCAR〉(源文件 6.9)重命名为〈POSCAR〉;输入文件〈POTCAR〉复制 4.2 节已存档的文件即可;输入文件〈KPOINTS〉中将 k 点设置为 11×11×11;输入文件〈INCAR〉复制 8.4 节的源文件 8.3 即可。

2. 进行 VASP 计算

运行 VASP 进行计算。

3. 提取计算结果及分析

计算完成后,在输出文件〈OUTCAR〉中查找 TOTAL ELASTIC MODULI 即可获得弹性常数矩阵,见源文件 8.10。

源文件 8.10　输出文件〈OUTCAR〉中弹性常数矩阵

```
---------------------------------------------------------------
......

TOTAL ELASTIC MODULI (kBar)
Direction    XX          YY          ZZ          XY          YZ          ZX

---------------------------------------------------------------

XX     2474.2681    685.8249   1409.0981      0.0000      0.0000      0.0000
YY      685.8249   2474.2681   1409.0981      0.0000      0.0000      0.0000
ZZ     1409.0981   1409.0981   1924.1315      0.0000      0.0000      0.0000
XY        0.0000      0.0000      0.0000    500.8966      0.0000      0.0000
YZ        0.0000      0.0000      0.0000      0.0000    991.8966      0.0000
ZX        0.0000      0.0000      0.0000      0.0000      0.0000    991.8952

---------------------------------------------------------------

......

---------------------------------------------------------------
```

通过计算得到,弹性常数为
$$C_{11} = 247.43\text{GPa}$$
$$C_{12} = 68.58\text{GPa}$$
$$C_{13} = 140.91\text{GPa}$$
$$C_{33} = 192.41\text{GPa}$$

$$C_{44} = 99.19\text{GPa}$$
$$C_{66} = 50.09\text{GPa}$$

又对于该四方晶系,有

$$B_\text{V} = \frac{1}{9}(2C_{11}+2C_{12}+4C_{13}+C_{33}) = 154.23\text{GPa}$$

8.7 Heusler 合金 Ni_2MnGa(四方)的弹性常数和弹性模量计算(VASP,能量-应变法)

本节采用 VASP 软件以能量-应变法计算 $c/a=1.26$ 的 Ni_2MnGa(四方)的弹性常数和弹性模量。能量-应变法计算弹性常数的过程相对比较复杂,有几个弹性常数就要施加几种变形、构建几个方程,通过求解联立方程得到全部弹性常数。

8.7.1 计算思路

Ni_2MnGa(四方)属于四方晶系,具有六个独立弹性常数,可以通过施加六个恰当的应变矩阵,建立六个能量-应变的方程,求出六个弹性常数。$c/a=1.26$ 的 Ni_2MnGa(四方)原胞的体积 V_0 为 48.78Å^3。

8.7.2 方程 C_{44} 的计算

通过计算不同应变下的总能,并对总能与应变进行二次拟合,得到方程 C_{44}。

1. 对晶体施加一定变形

当施加变形矩阵 $\boldsymbol{P}=(0,0,0,\delta,\delta,0)$ 时,总能与应变之间的关系为

$$\Delta E = V_0 C_{44}\delta^2 \tag{8-5}$$

将变形矩阵 $\boldsymbol{P}$ 写成

$$\boldsymbol{P}=\begin{bmatrix} 0 & 0 & \frac{\delta}{2} \\ 0 & 0 & \frac{\delta}{2} \\ \frac{\delta}{2} & \frac{\delta}{2} & 0 \end{bmatrix}$$

要获得变形后的原胞基矢,需将变形前充分优化后的原胞基矢 $\boldsymbol{R}$ 与矩阵 $(\boldsymbol{I}+\boldsymbol{P})$ 相乘,即

$$R(I+P) = \begin{bmatrix} 0 & a & c \\ a & 0 & c \\ a & a & 0 \end{bmatrix} \begin{bmatrix} 1 & 0 & \dfrac{\delta}{2} \\ 0 & 1 & \dfrac{\delta}{2} \\ \dfrac{\delta}{2} & \dfrac{\delta}{2} & 1 \end{bmatrix}$$

对 δ 分别取 -0.0100、-0.0075、-0.0050、-0.0025、0、0.0025、0.0050、0.0075、0.0100 代入，得到八个对应变形后的原胞基矢。这个过程交由 C 语言程序来完成。将八个变形后的原胞基矢依次命名为输入文件〈POSCAR〉，进行八次计算。

2. 计算八个变形后原胞的能量

利用 VASP 软件计算八个变形后的原胞能量。具体方法是：建立〈Ni2MnGa1.26〉文件夹，并在该路径下建立 VASP 的四个输入文件〈POSCAR〉、〈POTCAR〉、〈KPOINTS〉和〈INCAR〉。其中，输入文件〈POSCAR〉为上述相应的施加变形后的原胞基矢；输入文件〈POTCAR〉复制 4.2 节已存档的文件即可；输入文件〈KPOINTS〉中将 k 点设置为 $11 \times 11 \times 11$；输入文件〈INCAR〉复制 8.5.2 节的源文件 8.6 即可。

运行 VASP 进行计算。

3. 数据提取及分析

计算完成后得到一系列输出文件，其中输出文件〈OSZICAR〉中给出了体系的最终能量，可选取 F。例如，与 $\delta = -0.0100$ 对应的〈OSZICAR〉见源文件 8.11，$5F = -.24308467E+02$。

源文件 8.11　输出文件〈OSZICAR〉

```
------------------------------------------------------------

      N       E                    dE           d eps      ncg    rms        rms(c)
DAV:  1    0.177463963198E+03    0.17746E+03  -0.15077E+04 36620  0.171E+03
DAV:  2   -0.194156731730E+02   -0.19688E+03  -0.18719E+03 36600  0.301E+02
......
DAV: 13   -0.243084515214E+02   -0.20027E-05  -0.36023E-05 39290  0.107E-01
  1F=-.24308452E+02   E0=-.24309355E+02   dE=-.243085E+02   mag=4.1173
......
  2F=-.24308464E+02   E0=-.24309366E+02   dE=-.119941E-04   mag=4.1166
......
  3F=-.24308470E+02   E0=-.24309373E+02   dE=-.181116E-04   mag=4.1166
```

……

  4F=-.24308470E+02　E0=-.24309374E+02　dE=-.189616E-04　mag=4.1166

……

  5F=-.24308467E+02　E0=-.24309370E+02　dE=-.153780E-04　mag=4.1166

依次在 δ 为 -0.0100、-0.0075、-0.0050、-0.0025、0、0.0025、0.0050、0.0075、0.0100 的情况下进行计算,在九个输出文件〈OSZICAR〉中读出体系总能,提取数据并汇总如表 8.4 所示;进行二次拟合,其二次项系数 B_2 为 29.99481。

表 8.4　δ 与 E 的数据汇总

δ	-0.010000	-0.007500	-0.005000	-0.002500	0.000000	0.002500	0.005000	0.007500	0.010000
E/eV	-24.308467	-24.309779	-24.310716	-24.311278	-24.311468	-24.311279	-24.310716	-24.309780	-24.308467

由式(8-5),并将弹性常数单位转换为 GPa,终于得到第一个方程

$$C_{44}=\frac{B_2}{V_0}\times160.2\text{GPa}=98.38\text{GPa}$$

接下来的 C_{66}、C_{33}、$C_{11}+C_{12}$、$C_{11}+C_{12}+2C_{13}+\dfrac{C_{33}}{2}$、$\dfrac{C_{11}}{2}+C_{13}+\dfrac{C_{33}}{2}$ 的计算步骤和 C_{44} 完全相同,只是变形矩阵不同。

8.7.3　方程 C_{66} 的计算

通过计算不同应变下的总能,并对总能与应变进行二次拟合,得到方程 C_{66}。

当施加变形矩阵 $\boldsymbol{P}=(0,0,0,0,0,\delta)$ 时,总能与应变之间的关系为

$$\Delta E=\frac{1}{2}V_0C_{66}\delta^2 \tag{8-6}$$

将变形矩阵 $\boldsymbol{P}$ 写成

$$\boldsymbol{P}=\begin{bmatrix}0 & 0 & 0\\0 & 0 & 0\\0 & 0 & \delta\end{bmatrix}$$

要获得变形后的原胞基矢,需将变形前充分优化后的原胞基矢 $\boldsymbol{R}$ 与矩阵 $(\boldsymbol{I}+\boldsymbol{P})$ 相乘,即

$$\boldsymbol{R}(\boldsymbol{I}+\boldsymbol{P})=\begin{bmatrix}0 & a & c\\a & 0 & c\\a & a & 0\end{bmatrix}\begin{bmatrix}1 & 0 & 0\\0 & 1 & 0\\0 & 0 & 1+\delta\end{bmatrix}$$

对 δ 分别取 -0.0100、-0.0075、-0.0050、-0.0025、0、0.0025、0.0050、

0.0075、0.0100 代入,可以得到九个对应的变形后的原胞基矢。

利用 VASP 软件进行计算的具体过程前面已经叙述,在此省略。依次在 δ 为 -0.0100、-0.0075、-0.0050、-0.0025、0、0.0025、0.0050、0.0075、0.0100 的情况下进行计算,在九个输出文件〈OSZICAR〉中读出体系总能,提取数据并汇总如表 8.5 所示;进行二次拟合,其二次项系数 B_2 为 7.59134。

表 8.5　δ 与 E 的数据汇总

δ	-0.010000	-0.007500	-0.005000	-0.002500	0.000000	0.002500	0.005000	0.007500	0.010000
E/eV	-24.310705	-24.311034	-24.311273	-24.311417	-24.311468	-24.311419	-24.311276	-24.311038	-24.310710

由式(8-6),并将弹性常数单位转换为 GPa,得到第二个方程

$$C_{66}=\frac{2B}{V_0}\times 160.2\text{GPa}=49.80\text{GPa}$$

8.7.4　方程 C_{33} 的计算

通过计算不同应变下的总能,并对总能与应变进行二次拟合,得到方程 C_{33}。

当施加变形矩阵 $\boldsymbol{P}=(0,0,\delta,0,0,0)$ 时,总能与应变之间的关系为

$$\Delta E=\frac{1}{2}V_0 C_{33}\delta^2 \tag{8-7}$$

将变形矩阵 $\boldsymbol{P}$ 写成

$$\boldsymbol{P}=\begin{bmatrix} 0 & 0 & 0 \\ 0 & 0 & 0 \\ 0 & 0 & \delta \end{bmatrix}$$

要获得变形后的原胞基矢,需将变形前充分优化后的原胞基矢 $\boldsymbol{R}$ 与矩阵 $(\boldsymbol{I}+\boldsymbol{P})$ 相乘,即

$$\boldsymbol{R}(\boldsymbol{I}+\boldsymbol{P})=\begin{bmatrix} 0 & a & c \\ a & 0 & c \\ a & a & 0 \end{bmatrix}\begin{bmatrix} 1 & 0 & 0 \\ 0 & 1 & 0 \\ 0 & 0 & 1+\delta \end{bmatrix}$$

对 δ 分别取 -0.0100、-0.0075、-0.0050、-0.0025、0、0.0025、0.0050、0.0075、0.0100 代入,可以得到九个对应变形后的原胞基矢。

利用 VASP 软件进行计算。依次在 δ 为 -0.0100、-0.0075、-0.0050、-0.0025、0、0.0025、0.0050、0.0075、0.0100 的情况下进行计算,在九个输出文件〈OSZICAR〉中读出体系总能,提取数据并汇总如表 8.6 所示;进行二次拟合,其二次项系数 B_2 为 29.7432。

表 8.6　δ 与 E 的数据汇总

δ	−0.010000	−0.007500	−0.005000	−0.002500	0.000000	0.002500	0.005000	0.007500	0.010000
E/eV	−24.308939	−24.310142	−24.310960	−24.311402	−24.311468	−24.311161	−24.310485	−24.309450	−24.308046

由式(8-7)，并将弹性常数单位转换为 GPa，得到第三个方程

$$C_{33}=\frac{2\,B_2}{V_0}\times 160.\,2\text{GPa}=195.\,12\text{GPa}$$

8.7.5　方程 $C_{11}+C_{12}$ 的计算

通过计算不同应变下的总能，并对总能与应变进行二次拟合，得到方程 $C_{11}+C_{12}$。

当施加变形矩阵 $\boldsymbol{P}=(\delta,\delta,0,0,0,0)$ 时，总能与应变之间的关系为

$$\Delta E=V_0(C_{11}+C_{12})\delta^2 \tag{8-8}$$

将变形矩阵 $\boldsymbol{P}$ 写成矩阵形式

$$\boldsymbol{P}=\begin{bmatrix}\delta & 0 & 0\\ 0 & \delta & 0\\ 0 & 0 & 0\end{bmatrix}$$

要获得变形后的原胞基矢，需将变形前充分优化后的原胞基矢 $\boldsymbol{R}$ 与矩阵$(\boldsymbol{I}+\boldsymbol{P})$相乘，即

$$\boldsymbol{R}(\boldsymbol{I}+\boldsymbol{P})=\begin{bmatrix}0 & a & c\\ a & 0 & c\\ a & a & 0\end{bmatrix}\begin{bmatrix}1+\delta & 0 & 0\\ 0 & 1+\delta & 0\\ 0 & 0 & 1\end{bmatrix}$$

对 δ 分别取 −0.0100、−0.0075、−0.0050、−0.0025、0、0.0025、0.0050、0.0075、0.0100 代入，可以得到九个对应变形后的原胞基矢。

利用 VASP 软件进行计算。依次在 δ 为 −0.0100、−0.0075、−0.0050、−0.0025、0、0.0025、0.0050、0.0075、0.0100 的情况下进行计算，在九个输出文件〈OSZICAR〉中读出体系总能，提取数据并汇总如表 8.7 所示；进行二次拟合，其二次项系数 B_2 为 97.3884。

表 8.7　δ 与 E 的数据汇总

δ	−0.010000	−0.007500	−0.005000	−0.002500	0.000000	0.002500	0.005000	0.007500	0.010000
E/eV	−24.300229	−24.304987	−24.308420	−24.310569	−24.311468	−24.311146	−24.309649	−24.306996	−24.303227

由式(8-8)，并将弹性常数单位转换为 GPa，得到第四个方程

$$C_{11}+C_{12}=\frac{B_2}{V_0}\times 160.\,2\text{GPa}=319.\,44\text{GPa}$$

8.7.6　方程 $C_{11}+C_{12}+2C_{13}+\dfrac{C_{33}}{2}$ 的计算

通过计算不同应变下的总能,并对总能与应变进行二次拟合,得到方程 $C_{11}+C_{12}+2C_{13}+\dfrac{C_{33}}{2}$。

当施加变形矩阵 $\boldsymbol{P}=(\delta,\delta,\delta,0,0,0)$ 时,总能与应变之间的关系为

$$\Delta E=V_0\left(C_{11}+C_{12}+2\,C_{13}+\frac{C_{33}}{2}\right)\delta^2 \tag{8-9}$$

将变形矩阵 $\boldsymbol{P}$ 写成

$$\boldsymbol{P}=\begin{bmatrix} \delta & 0 & 0 \\ 0 & \delta & 0 \\ 0 & 0 & \delta \end{bmatrix}$$

要获得变形后的原胞基矢,需将变形前充分优化后的原胞基矢 $\boldsymbol{R}$ 与矩阵 $(\boldsymbol{I}+\boldsymbol{P})$ 相乘,即

$$\boldsymbol{R}(\boldsymbol{I}+\boldsymbol{P})=\begin{bmatrix} 0 & a & c \\ a & 0 & c \\ a & a & 0 \end{bmatrix}\begin{bmatrix} 1+\delta & 0 & 0 \\ 0 & 1+\delta & 0 \\ 0 & 0 & 1+\delta \end{bmatrix}$$

对 δ 分别取 -0.0100、-0.0075、-0.0050、-0.0025、0、0.0025、0.0050、0.0075、0.0100 代入,可以得到九个对应变形后的原胞基矢。

利用 VASP 软件进行计算。依次在 $\delta=-0.0100$、-0.0075、-0.0050、-0.0025、0、0.0025、0.0050、0.0075、0.0100 的情况下进行计算,在九个输出文件〈OSZICAR〉中读出体系总能,提取数据并汇总如表 8.8 所示;进行二次拟合,其二次项系数 B_2 为 216.4449。

表 8.8　δ 与 E 的数据汇总

δ	-0.010000	-0.007500	-0.005000	-0.002500	0.000000	0.002500	0.005000	0.007500	0.010000
E/eV	-24.288297	-24.298439	-24.305627	-24.309937	-24.311468	-24.310292	-24.306502	-24.300157	-24.291351

由式(8-9),并将弹性常数单位转换为 GPa,得到第五个方程

$$C_{11}+C_{12}+2\,C_{13}+\frac{C_{33}}{2}=\frac{B_2}{V_0}\times 160.2\,\mathrm{GPa}=709.95\,\mathrm{GPa}$$

8.7.7　方程 $\dfrac{C_{11}}{2}+C_{13}+\dfrac{C_{33}}{2}$ 的计算

通过计算不同应变下的总能,并对总能与应变进行二次拟合,得到方程 $\dfrac{C_{11}}{2}+C_{13}+\dfrac{C_{33}}{2}$。

当施加变形矩阵 $\boldsymbol{P}=(0,\delta,\delta,0,0,0)$ 时,总能与应变之间的关系为

$$\Delta E=V_0\left(\frac{C_{11}}{2}+C_{13}+\frac{C_{33}}{2}\right)\delta^2 \tag{8-10}$$

将变形矩阵 $\boldsymbol{P}$ 写成矩阵形式

$$\boldsymbol{P}=\begin{bmatrix}0 & 0 & 0\\0 & \delta & 0\\0 & 0 & \delta\end{bmatrix}$$

要获得变形后的原胞基矢,需将变形前充分优化后的原胞基矢 $\boldsymbol{R}$ 与矩阵 $(\boldsymbol{I}+\boldsymbol{P})$ 相乘,即

$$\boldsymbol{R}(\boldsymbol{I}+\boldsymbol{P})=\begin{bmatrix}0 & a & c\\a & 0 & c\\a & a & 0\end{bmatrix}\begin{bmatrix}1 & 0 & 0\\0 & 1+\delta & 0\\0 & 0 & 1+\delta\end{bmatrix}$$

对 δ 分别取 -0.0100、-0.0075、-0.0050、-0.0025、0、0.0025、0.0050、0.0075、0.0100 代入,可以得到九个对应的变形后的原胞基矢。

利用 VASP 软件进行计算。依次在 $\delta=-0.0100$、-0.0075、-0.0050、-0.0025、0、0.0025、0.0050、0.0075、0.0100 的情况下进行计算,在九个输出文件〈OSZICAR〉中读出体系总能,提取数据并汇总如表 8.9 所示;进行二次拟合,其二次项系数 B_2 为 112.00519。

表 8.9　δ 与 E 的数据汇总

δ	-0.010000	-0.007500	-0.005000	-0.002500	0.000000	0.002500	0.005000	0.007500	0.010000
E/eV	-24.299848	-24.304964	-24.308584	-24.310740	-24.311468	-24.310794	-24.308753	-24.305376	-24.300685

由式(8-10),并将弹性常数单位转换为 GPa,得到第六个方程

$$\frac{C_{11}}{2}+C_{13}+\frac{C_{33}}{2}=\frac{B_2}{V_0}\times160.2\text{GPa}=367.38\text{GPa}$$

8.7.8　六个方程联立求解

将 8.7.2 节~8.7.7 节得到的六个含有弹性常数的方程联立,有

$$C_{44}=\frac{B_2}{V_0}\times160.2\text{GPa}=98.38\text{GPa}$$

$$C_{66}=\frac{2B}{V_0}\times160.2\text{GPa}=49.80\text{GPa}$$

$$C_{33}=\frac{2B_2}{V_0}\times160.2\text{GPa}=195.12\text{GPa}$$

$$C_{11}+C_{12}=\frac{B_2}{V_0}\times160.2\text{GPa}=319.44\text{GPa}$$

$$C_{11} + C_{12} + 2C_{13} + \frac{C_{33}}{2} = \frac{B_2}{V_0} \times 160.2\text{GPa} = 709.95\text{GPa}$$

$$\frac{C_{11}}{2} + C_{13} + \frac{C_{33}}{2} = \frac{B_2}{V_0} \times 160.2\text{GPa} = 367.38\text{GPa}$$

得到

$$C_{11} = 246.69\text{GPa}$$
$$C_{12} = 72.74\text{GPa}$$
$$C_{13} = 146.48\text{GPa}$$
$$C_{33} = 195.12\text{GPa}$$
$$C_{44} = 98.38\text{GPa}$$
$$C_{66} = 49.80\text{GPa}$$

又对于该四方晶系,有

$$B_V = \frac{1}{9}(2C_{11} + 2C_{12} + 4C_{13} + C_{33}) = 157.77\text{GPa}$$

最后,将分别采用 CASTEP 软件、VASP 软件计算 Heusler 合金 $Ni_2MnGa(L2_1)$ 的弹性常数和弹性模量的计算值汇总,如表 8.10 所示;将分别采用 CASTEP 软件、VASP 软件计算 Heusler 合金 Ni_2MnGa(四方)的弹性常数和弹性模量的计算值汇总,如表 8.11 所示。由表可见,不同软件、不同方法得到的弹性常数和弹性模量的计算值虽然存在一些差异,但非常接近。

表 8.10　弹性常数和体积模量计算值汇总(GPa)

软件及方法	C_{11}	C_{12}	C_{44}	$B_V = B_R = B_H$
CASTEP,应力-应变法	162.15	154.19	109.89	156.84
VASP,应力-应变法	150.28	138.89	104.76	142.69
VASP,能量-应变法	161.76	154.49	104.40	156.91

表 8.11　弹性常数和体积模量计算值汇总(GPa)

软件及方法	C_{11}	C_{12}	C_{13}	C_{33}	C_{44}	C_{66}	B_V	B_R	B_H
CASTEP,应力-应变法	214.40	89.32	146.26	196.24	102.85	90.59	154.30	151.30	152.80
VASP,应力-应变法	247.43	68.58	140.91	192.41	99.19	50.09	154.23	153.74	153.99
VASP,能量-应变法	246.69	72.74	146.48	195.12	98.38	49.80	157.77	156.88	157.33

参 考 文 献

[1] 陈刚,廖理几,郝伟. 晶体物理学基础[M]. 2 版. 北京:科学出版社,2007.

[2] 方俊鑫. 固体物理学(上册)[M]. 上海:上海科学技术出版社,1980.

[3] Kittel C. Introduction to Solid State Physics[M]. New York:Wiley,1986.

[4] Nye J F. Physical Properties of Crystals-Their Representation by Tensors and Matrices[M]. Oxford:Oxford University Press,1985.

[5] 米传同,刘国平,王家佳,等. 单斜晶体 $FeZn_{13}$ 、$CoZn_{13}$ 和 $MnZn_{13}$ 弹性性质的第一性原理研究[J]. 中国有色金属学报,2014,24(6):1428-1433.

[6] Kart S O, Uludogan M, Karaman I, et al. DFT studies on structure, mechanics and phase behavior of magnetic shape memory alloys: Ni_2MnGa[J]. Physica Status Solidi A-Applications and Materials Science,2008,205(5):1026-1035.

[7] Rached H,Rached D,Khenata R,et al. First-principles calculations of structural, elastic and electronic properties of Ni_2MnZ (Z=Al,Ga and In) Heusler alloys[J]. Physica Status Solidi B-Basic Solid State Physics,2009,246(7):1580-1586.

[8] Hu Q M,Li C M,Yang R,et al. Site occupancy, magnetic moments, and elastic constants of off-stoichiometric Ni_2MnGa from first-principles calculations[J]. Physical Review B,2009,79(14):144112-1-144112-8.

[9] Kart S O,Cagin T. Elastic properties of Ni_2MnGa from first-principles calculations[J]. Journal of Alloys and Compounds,2010,508(1):177-183.

[10] Ghosh S, Vitos L, Sanyal B. Structural and elastic properties of $Ni_{2+x}Mn_{1-x}Ga$ alloys[J]. Physica B:Condensed Matter,2011,406(11):2240-2244.

[11] Hu Q M,Luo H B,Li C M,et al. Composition dependent elastic modulus and phase stability of Ni_2MnGa based ferromagnetic shape memory alloys[J]. Science China Technological Sciences,2012,55(2):295-305.

第 9 章　Heusler 合金声子谱线的计算

原子在格点附近会发生晶格振动,由于原子之间存在相互作用力,原子的振动并非孤立,而是相互联系的,因此可以将整个晶格看成一个相互耦合的振动系统,在这个振动系统中就形成了各种模式的振动波。晶格振动的能量不是连续的,而是量子化的,这种能量量子就是声子。进行声子谱线研究时,声子的频率与其波矢之间的关系就称为色散关系。声子谱线对于研究材料的动力学特性非常重要,材料的许多物理特性都依赖于声子特性,如比热、热膨胀、自由能、热传导和电子声子耦合等[1-4]。声子谱线在不同条件下的变化情况也是反映物质结构稳定性的有效方法,经常被用于作为稳定性的判定依据[5-7]。

本章首先介绍 PHONOPY 软件及声子计算原理,然后进一步详细讲述声子谱线的计算方法,分别采用直接法和微扰密度泛函方法(density function perturbation,DFPT)对 $Ni_2MnGa(L2_1)$ 和 Ni_2MnGa(四方)进行声子谱线计算,求算出它们的声子色散曲线、声子态密度和热力学性质。

9.1　PHONOPY 软件及声子计算简介

早在 20 世纪 70 年代,随着密度泛函理论的发展,DeCicco 和 Pick 等[8,9]就利用线性响应理论对晶格振动进行了一系列的第一性原理计算。80 年代,Baroni 等[10]在密度泛函理论的基础之上发展出了密度泛函微扰理论(DFPT)。目前,对整个布里渊区内的波矢进行声子色散曲线计算已成为可能,有不少第一性原理计算软件都能够进行声子谱线的计算。目前,CASTEP、ELK 等软件可以实现一次指定计算参数和计算任务,计算完成后直接给出声子频率数据甚至声子散射图;其他如 VASP、WIEN2k 和 SIESTA 等很多软件则都需要在输出计算结果的基础上,再利用 PHONON 或 PHONOPY 等软件进行数据后处理,才能得到声子散射图谱和声子态密度。由于计算声子都需要建立超胞,计算量非常大,而且每一种软件的学习、计算参数的摸索都需要投入大量的时间和精力,因此声子谱线计算的工作量也非常大。

PHONOPY 软件是由 Togo 等[11]于 2009 年使用 Python 和 C 等语言编写的晶体声子分析程序,是一款开源软件,至今已更新了几十个版本。它最初只是一个小的 Python 脚本,发展到现在已经具有多种功能,可以在 Unix 或 Linux 操作系统上安装。PHONOPY 软件出现的最初目的是取代 FROPHO 软件,并且在发展过程中借用了 PHON 的代码。目前,PHONOPY 软件提供了 VASP、WIEN2k、

ABINIT、PWSCF 等多种接口,可先通过这些软件计算出有限微小位移下的原子受力,然后利用 PHONOPY 软件处理力或力常数获得声子谱,并且调用 Python 的 Matplotlib 工具包直接绘制出声子能带图、态密度图和热力学图。在使用 PHONOPY 软件绘制声子谱等图形时,要求操作系统安装有图形界面,对于远程机器,需要安装 X-manager 等来获得虚拟的图形用户界面。

与 VASP 软件结合进行计算时,PHONOPY 软件有两种计算方式。

(1)直接法(direct method),又称为冷冻声子(frozen-phonon)方法,也称有限位移法,即只是利用 VASP 软件来进行力计算。具体方法是,首先在充分优化弛豫后的晶体结构中引入原子位移,然后计算作用于各原子上的 Hellmann-Feynman 力,最后由动力学矩阵计算出声子色散曲线。采用该方法计算声子色散曲线始于 20 世纪 80 年代,由于计算简便,不需要特别编写程序,因此很多研究小组都采用直接法来计算材料性质。

(2)微扰密度泛函方法(density function perturbation,DFPT),通过计算系统能量对外场微扰的响应来求解晶格动力学性质。具体方法是,首先对充分优化弛豫后的晶体结构采用线性响应理论(linear response theory),用 VASP 软件计算出由原子的移动而导致的势场变化,得到 Hessian 矩阵并记录在〈vasprun. xml〉文件中,然后通过 PHONOPY 软件读取〈vasprun. xml〉文件生成力常数文件,并进一步计算出体系的声子色散曲线、声子态密度、热力学性质等。该方法目前已经成为声子谱线计算的常规方法。

声子谱线计算的任务可以分为三部分:前处理,力计算(VASP)或力常数计算(VASP+DFPT),后处理。PHONOPY 软件的主要功能有计算声子色散曲线、计算声子态密度以及分立态密度、计算晶体热力学性质(包括自由能、热容量和熵等)。

在声子的计算过程中,要注意如下两点。

(1)〈band. conf〉文件中的 BAND 语句是控制声子谱线提取路径的,可以根据需要设置不同的提取路径,例如,BAND = 0. 0 0. 0 0. 0 0. 5 0. 0 0. 0 0. 5 0. 5 0. 5 0. 5 0. 5 0. 0 0. 0 0. 0 0. 0 0. 5 0. 5 0. 5。PHONOPY 软件可以自动将声子谱线保存为 PDF 格式。

(2)旧版本的 PHONOPY 软件不方便提取数据,但可以通过设置〈INPHON〉文件,利用 readband. py 程序来读取声子谱线数据,再利用 Origin 软件作图。声子谱线计算〈INPHON〉文件的设置见源文件 9.1。

源文件 9.1　〈INPHON〉文件

```
ATOM_NAME=NiMnGa

NDIM=2 2 2

ND=8
```

```
NPOINTS=101                          #每两个高对称点间插入多少个点,包括边界
QI=0.00 0.00 0.00 0.50 0.00 0.00 0.50 0.50 0.50 0.50 0.50 0.00 0.00 0.00 0.00
                                     #路径的起始点
QF=0.50 0.00 0.00 0.50 0.50 0.50 0.50 0.50 0.00 0.00 0.00 0.00 0.50 0.50 0.50
                                     #路径的结束点
```

注:QI 与 QF 应与前面<band. conf>文件里面 BAND 语句相对应。路径均为

$$0.00\ 0.00\ 0.00 \longrightarrow 0.50\ 0.00\ 0.00$$
$$0.50\ 0.00\ 0.00 \longrightarrow 0.50\ 0.50\ 0.50$$
$$0.50\ 0.50\ 0.50 \longrightarrow 0.50\ 0.50\ 0.00$$
$$0.50\ 0.50\ 0.50 \longrightarrow 0.00\ 0.00\ 0.00$$
$$0.00\ 0.00\ 0.00 \longrightarrow 0.50\ 0.50\ 0.50$$

现在,PHONOPY 软件提供了许多后处理工具。例如,要将数据导入 Origin 软件中作图,可以调用 bandplot 工具来得到纯文本格式的数据,只需在终端中输入如下指令:

@:bandplot --gnuplot band. yaml >band. dat

其中,band. dat 的第一行是声子谱线提取路径 q 点的位置。

9.2　Heusler 合金 $Ni_2MnGa(L2_1)$ 的声子谱线计算（VASP,直接法）

9.2.1　计算过程

1. 准备晶体学晶胞

声子谱线计算可以采用物理学原胞或晶体学晶胞,此处采用晶体学晶胞。

在新建文件夹下,复制 6.4 节中 $Ni_2MnGa(L2_1)$ 结构充分优化的输出文件<CONTCAR>（源文件 6.8）,再将其转换为晶胞,并重命名为输入文件<POSCAR_unitcell>,见源文件 9.2。声子谱线对结构非常敏感,特别注意必须充分优化。另外,本书只有 9.2 节和 9.3 节所有输入文件中的原子顺序均为 Ga、Mn、Ni,这是一个特例。

源文件 9.2　输入文件<POSCAR_unitcell>

```
Ga1Mn1Ni2
  1.00000000000000
     5.8070689030000002      0.0000000000000000      0.0000000000000000
     0.0000000000000000      5.8070689030000002      0.0000000000000000
     0.0000000000000000      0.0000000000000000      5.8070689030000002
  Ga   Mn   Ni
```

```
     4     4     8
Direct
  0.0000000000000000     0.0000000000000000     0.0000000000000000
  0.0000000000000000     0.5000000000000000     0.5000000000000000
  0.5000000000000000     0.0000000000000000     0.5000000000000000
  0.5000000000000000     0.5000000000000000     0.0000000000000000
  0.5000000000000000     0.5000000000000000     0.5000000000000000
  0.5000000000000000     0.0000000000000000     0.0000000000000000
  0.0000000000000000     0.5000000000000000     0.0000000000000000
  0.0000000000000000     0.0000000000000000     0.5000000000000000
  0.2500000000000000     0.2500000000000000     0.2500000000000000
  0.7500000000000000     0.7500000000000000     0.7500000000000000
  0.7500000000000000     0.7500000000000000     0.2500000000000000
  0.2500000000000000     0.2500000000000000     0.7500000000000000
  0.7500000000000000     0.2500000000000000     0.2500000000000000
  0.2500000000000000     0.7500000000000000     0.2500000000000000
  0.2500000000000000     0.7500000000000000     0.7500000000000000
  0.7500000000000000     0.2500000000000000     0.2500000000000000
```

----

2. 建立超胞

建立基于晶体学晶胞〈POSCAR_unitcell〉的 $2\times2\times2$ 的超胞,超胞包含 128 个原子,即在含有〈POSCAR_unitcell〉的新建目录下运行如下指令:

phonopy -d --dim="2 2 2" -c POSCAR-unitcell

则生成新文件〈SPOSCAR〉、〈disp.yaml〉、〈POSCAR-001〉、〈POSCAR-002〉、〈POSCAR-003〉。其中,〈SPOSCAR〉文件为由单胞扩展得到的超胞;〈disp.yaml〉文件中包含了所有的位移信息;〈POSCAR-00*〉文件表示发生了不同位移的超晶胞,其中的序号与〈disp.yaml〉文件中指定位移的顺序一致。

3. VASP 计算

针对不同位移,需要进行三次 VASP 计算。在每次计算的文件夹中建立 VASP 的四个输入文件〈POSCAR〉、〈POTCAR〉、〈KPOINTS〉、〈INCAR〉。其中,对于输入文件〈POSCAR〉,只要将〈POSCAR-001〉、〈POSCAR-002〉、〈POSCAR-003〉分别命名为〈POSCAR〉即可;对于输入文件〈POTCAR〉,由于本章的所有输入文件中的原子顺序均为 Ga、Mn、Ni,就不能直接复制 4.2 节存档的原子顺序为 Ni、Mn、Ga 的输入文件〈POSCAR〉,而应该重新制作,可从 VASP 赝势库中调用,将赝势文件夹下的〈paw_pbe〉文件夹中 Ga、Mn、Ni 的赝势文件进行复制,并将三者按照 Ga、Mn、Ni 的顺序合并而得；对于输入文件〈KPOINTS〉，超胞可以设得小些，见源文件 9.3；输入文件〈INCAR〉见源文件 9.4，注意 Ga、Mn、Ni 的顺序，并注意设定 IBRION＝－1，即进行静态计算，在计算过程中不要弛豫结构。

源文件 9.3　输入文件〈KPOINTS〉

```
--------------------------------------------------------------------
Ga1Mn1Ni2
0
Gamma
2 2 2
0 0 0
--------------------------------------------------------------------
```

源文件 9.4　输入文件〈INCAR〉

```
--------------------------------------------------------------------
SYSTEM=Ga1Mn1Ni2
#####################files
ISTART=0
ICHARG=2
#####################general
ISPIN=2
MAGMOM=32*1 32*3 64*0
GGA=PE
ENCUT=600
EDIFF=1E-8
PREC=Accurate
#LORBIT=11
LREAL=.FALSE.
LWAVE=.FALSE.
LCHARG=.FALSE.
#NEDOS=1200
#####################smear
ISMEAR=1
SIGMA=0.2
#####################relaxation
NSW=1
ISIF=2
POTIM=0.5
IBRION=-1
EDIFFG=-1E-4
--------------------------------------------------------------------
```

运行 VASP 进行计算,得到输出文件〈vasprun. xml〉,此文件将用于后续的声子谱线计算。

9. 2. 2　生成力文件〈FORCE_SETS〉

将三次 VASP 计算得到的三个〈vasprun. xml〉分别命名为〈vasprun. xml-001〉、〈vasprun. xml-002〉和〈vasprun. xml-003〉,放到文件〈POSCAR-unitcell〉所在的文件夹下,运行如下指令:

phonopy -f vasprun. xml-001 vasprun. xml-002 vasprun. xml-003

生成输出文件〈FORCE_SETS〉,此文件给出超胞中原子发生有限位移产生力的集合。其中,第一行给出超胞中的原子数 128;第二行给出需要计算的超胞数目 3,每个超胞中包含一个发生位移的原子;分块写出每个原子位移导致的力,即每一块包含一个超胞中由于一个原子发生位移导致所有原子受到的力。在每一块中,第一行给出超胞序数,第二行给出原子位移,然后依次给出各原子的受力。力和原子位移都采用笛卡儿坐标。

9. 2. 3　生成声子色散曲线

准备输入文件〈band. conf〉,见源文件 9.5。注意对晶体学晶胞要加上第三行,以给出原胞基矢。

源文件 9. 5　输入文件〈band. conf〉

```
ATOM_NAME=Ga Mn Ni                              #原子类型,与 POSCAR 顺序保持一致
DIM=2 2 2                                       #超胞数
PRIMITIVE_AXIS=0. 0 0. 5 0. 5  0. 5 0. 0 0. 5  0. 5 0. 5 0. 0  #原胞基矢
BAND=0. 5 0. 5 0. 0 0. 0 0. 0 0. 0 0. 5 0. 5 0. 5 0. 5 0. 5 0. 0 1/4 1/4 1 0. 0 0. 0 0. 0 0. 5 0. 0 0. 0
                                                #声子谱线提取路径
BAND_POINTS=101                                 #给定样点数
BAND_LABELS=X G W X K G L                        #生成的图中标出高对称性点
FORCE_SETS=READ                                 #读取<FORCE_SETS>文件
# FORCE_CONSTANTS=READ                          #读取<FORCE_CONSTANTS>文件
```

运行如下指令:

phonopy -p -s --dim="2 2 2" -c POSCAR-unitcell band. conf

得到声子色散曲线输出文件〈band. pdf〉。如果希望得到的声子色散曲线为可编辑的含数据的文件,则可以在含有声子数据文件〈band. yaml〉的文件夹内打开终端,运行如下指令:

bandplot --gnuplot band. yaml ＞band. dat

　　这样,可以调用 PHONOPY 软件中自带的 bandplot 软件将⟨band. yaml⟩文件中的声子谱数据提取出来并写入⟨band. dat⟩文件。命令运行后,文件夹内生成新文件⟨band. dat⟩。打开 Origin 软件,导入生成的⟨band. dat⟩文件,即可绘出声子色散曲线,如图 9.1(a)所示。

9.2.4　生成声子态密度

　　准备输入文件⟨mesh. conf⟩,见源文件 9.6。注意对晶体学晶胞要加上第三行,以给出原胞基矢。

源文件 9.6　输入文件⟨mesh. conf⟩

```
ATOM_NAME=Ga1Mn 1Ni2                    #原子类型
DIM=2 2 2                               #超胞数
PRIMITIVE_AXIS=0. 0 0. 5 0. 5   0. 5 0. 0 0. 5   0. 5 0. 5 0. 0  #原胞基矢
MP=8 8 8                                #每个轴的网格样式
# FORCE_SETS=READ                       #读取＜FORCE_SETS=READ＞文件
# FORCE_CONSTANTS=READ                  #读取＜FORCE_CONSTANTS=READ＞文件
```

　　运行如下指令:

phonopy -p -s --dim＝"2 2 2" -c POSCAR-unitcell mesh. conf

得到态密度图输出文件⟨total_dos. pdf⟩,同时产生对应的数据输出文件⟨total_dos. dat⟩。如果希望得到的声子态密度为可编辑的含数据的文件,可以打开 Origin 软件,导入声子计算的生成文件⟨total_dos. dat⟩。导入数据后即可绘出声子态密度,如图 9.1(b)所示。

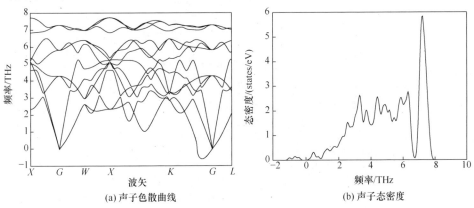

(a) 声子色散曲线　　　　　　　　　(b) 声子态密度

图 9.1　Ni_2MnGa (L2$_1$)的声子谱线

9.2.5　热力学性质计算

运行如下指令：

phonopy -t -p -s --dim="2 2 2" -c POSCAR-unitcell mesh. conf

得到热力学性质输出文件〈thermal_properties. pdf〉,且在屏幕显示数据,见源文件 9.7。若希望得到的热力学性质曲线为可编辑的含数据的文件,可先将屏幕显示数据复制到 Excel 表格中,然后打开 Origin 软件导入 Excel 表格文件,并以第 1 列数据为横坐标,第 2、3、4 列数据为纵坐标,绘出热力学性质曲线,如图 9.2所示。

源文件 9.7　热力学性质计算时屏幕显示的数据

T [K]	F [kJ/mol]	S [J/K/mol]	C_v [J/K/mol]	E [kJ/mol]
0. 000	12. 0090947	0. 0000000	0. 0000000	12. 0090947
10. 000	12. 0078702	0. 4033823	0. 8059366	12. 0119040
20. 000	11. 9985554	1. 6113791	3. 4282383	12. 0307830
30. 000	11. 9717701	3. 9620382	9. 0104329	12. 0906312
40. 000	11. 9150394	7. 5846063	16. 8153482	12. 2184237
50. 000	11. 8165070	12. 2758420	25. 6367765	12. 4302991
60. 000	11. 6669564	17. 7375435	34. 4857212	12. 7312090
70. 000	11. 4601500	23. 6829996	42. 7299931	13. 1179600
80. 000	11. 1924691	29. 8787536	50. 0699455	13. 5827694
90. 000	10. 8623193	36. 1529962	56. 4328944	14. 1160890
100. 000	10. 4695449	42. 3878898	61. 8694744	14. 7083339

......

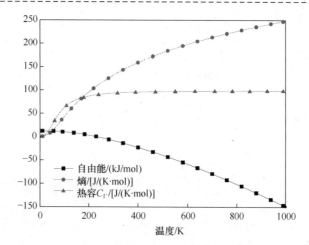

图 9.2　Ni_2MnGa (L2₁)热力学性质

9.3　Heusler 合金 $Ni_2MnGa(L2_1)$ 的声子谱线计算（VASP,DFPT）

9.3.1　计算过程

本节中,声子谱线的计算采用晶体学晶胞。

在新建文件夹下,复制 9.2 节的输入文件〈POSCAR_unitcell〉（源文件 9.2）。同时注意,本书中只有 9.2 节和 9.3 节中所有输入文件中的原子顺序均为 Ga、Mn、Ni,是个特例。另外,复制 9.2 节的文件〈SPOSCAR〉。

这里采用微扰密度泛函法（DFPT）,仅需进行一次 VASP 计算。

建立 VASP 的四个输入文件〈POSCAR〉、〈POTCAR〉、〈KPOINTS〉、〈IN-CAR〉。其中,对于输入文件〈POSCAR〉,将〈SPOSCAR〉重命名为〈POSCAR〉即可；输入文件〈POTCAR〉复制 9.2 节的文件即可；输入文件〈KPOINTS〉复制 9.2 节的源文件 9.3；输入文件〈INCAR〉见源文件 9.8,注意 Ga、Mn、Ni 的顺序,并设定 IBRION＝8,采用微扰密度泛函法（DFPT）进行计算,得到 Hessian 矩阵。

源文件 9.8　输入文件〈INCAR〉

```
----------------------------------------------------------------
SYSTEM=Ga1Mn1Ni2
######################files
ISTART=0
ICHARG=2
###########################general
ISPIN=2
MAGMOM=32*1 32*3 64*0
GGA=PE
ENCUT=600
EDIFF=1E-8
PREC=Accurate
#LORBIT=11
LREAL=.FALSE.
LWAVE=.FALSE.
LCHARG=.FALSE.
#NEDOS=1200
ADDGRID=.TRUE.                          #用于减少力的噪声
```

```
####################smear
ISMEAR=1
SIGMA=0.2
#######################relaxation
NSW=1
ISIF=3
POTIM=0.5
IBRION=8                          #DFPT 方法,并考虑对称性
EDIFFG=-1E-4
```

　　运行 VASP 进行计算,得到输出文件〈vasprun. xml〉,将用于后续的声子谱线计算。

9.3.2　生成力常数文件〈FORCE_CONSTANTS〉

　　将 VASP 计算得到的输出文件〈vasprun. xml〉放到文件〈POSCAR-unitcell〉所在的文件夹下。运行如下指令:

　　phonopy --fc vasprun. xml

生成输出文件〈FORCE_CONSTANTS〉,其中给出了超胞中原子发生有限位移而产生的势场变化。下面将进一步构造出动力学矩阵,绘制出声子色散曲线。

9.3.3　生成声子色散曲线

　　准备输入文件〈band. conf〉,见源文件 9.9。

源文件 9.9　输入文件〈band. conf〉

```
ATOM_NAME=Ga Mn Ni
DIM=2 2 2
PRIMITIVE_AXIS=0.0 0.5 0.5   0.5 0.0 0.5   0.5 0.5 0.0
BAND=0.5 0.5 0.0 0.0 0.0 0.0 0.5 0.5 0.5 0.5 0.5 0.0 1/4 1/4 1 0.0 0.0 0.0 0.5 0.0 0.0
BAND_POINTS=101
BAND_LABELS=X G W X K G L
FORCE_CONSTANTS=READ
```

　　运行如下指令:

　　phonopy -p -s --dim="2 2 2" -c POSCAR-unitcell band. conf

得到声子色散曲线输出文件〈band. pdf〉。同时通过生成对应的数据输出文件〈band. dat〉,用 Origin 软件绘出可编辑的含数据的声子色散曲线,如图 9.3 (a)

所示。

9.3.4　生成声子态密度

准备输入文件〈mesh. conf〉，见源文件 9.10。

源文件 9.10　输入文件〈mesh. conf〉

```
ATOM_NAME=Ga1Mn 1Ni2
DIM=2 2 2
PRIMITIVE_AXIS=0. 0 0. 5 0. 5    0. 5 0. 0 0. 5    0. 5 0. 5 0. 0
MP=8 8 8
FORCE_CONSTANTS=READ
```

运行如下指令：

phonopy -p -s --dim="2 2 2" -c POSCAR-unitcell mesh. conf

得到态密度图输出文件〈total_dos. pdf〉，同时产生对应的数据输出文件〈total_dos. dat〉。用 Origin 软件绘出可编辑的含数据的声子态密度曲线，如图 9.3(b)所示。

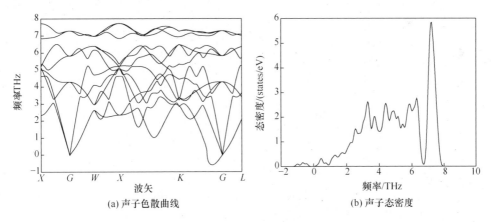

(a) 声子色散曲线　　　　　　　　　(b) 声子态密度

图 9.3　Ni$_2$MnGa (L2$_1$)的声子谱线

9.3.5　热力学性质计算

运行如下指令：

phonopy -t -p -s --dim="2 2 2" -c POSCAR-unitcell mesh. conf

得到热力学性质输出文件〈thermal_properties. pdf〉，且在屏幕显示数据，内容见源文件 9.11。用 Origin 软件绘出可编辑的含数据的热力学性质曲线，如图 9.4所示。

源文件 9.11　热力学性质计算时屏幕显示数据

T [K]	F [kJ/mol]	S [J/K/mol]	C_v [J/K/mol]	E [kJ/mol]
0.000	12.0191853	0.0000000	0.0000000	12.0191853
10.000	12.0182722	0.3189669	0.7151341	12.0214619
20.000	12.0101447	1.4654653	3.3374727	12.0394540
30.000	11.9850237	3.7768859	8.9074558	12.0983302
40.000	11.9303018	7.3694033	16.7118652	12.2250780
50.000	11.8340379	12.0385894	25.5443038	12.4359673
60.000	11.6869421	17.4847475	34.4083351	12.7360270
70.000	11.4827210	23.4193911	42.6671768	13.1220784
80.000	11.2177162	29.6075913	50.0194801	13.5863235
90.000	10.8903063	35.8764841	56.3923201	14.1191899
100.000	10.5003173	42.1075201	61.8366337	14.7110694

......

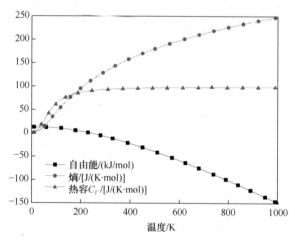

图 9.4　Ni_2MnGa（$L2_1$）热力学性质

9.4　Heusler 合金 Ni_2MnGa（四方）的声子谱线计算（直接法）

本节采用直接法来计算 $c/a = 1.26$ 的 Ni_2MnGa（四方）的声子谱线。

9.4.1　计算过程

1. 准备物理学原胞

声子谱线计算可以采用物理学原胞或晶体学晶胞，此处采用物理学原胞。

在新建文件夹下,复制 6.5 节中 Ni_2MnGa(四方)结构充分优化的输出文件〈CONTCAR〉(源文件 6.9),并重命名为输入文件〈POSCAR_unitcell〉,见源文件 9.12。

源文件 9.12　输入文件〈POSCAR_unitcell〉

```
Ni2MnGa
   5.82000000000000
   0.0000000000000000    0.4614975173705171    0.5809604386445752
   0.4614975173705171    0.0000000000000000    0.5809604386445752
   0.4614975173705171    0.4614975173705171    0.0000000000000000
   Ni   Mn   Ga
    2    1    1
Direct
   0.7500000000000000    0.7500000000000000    0.7500000000000000
   0.2500000000000000    0.2500000000000000    0.2500000000000000
   0.5000000000000000    0.5000000000000000    0.5000000000000000
   0.0000000000000000    0.0000000000000000    0.0000000000000000
```

----

2. 建立超胞

建立基于物理学原胞〈POSCAR_unitcell〉$3 \times 3 \times 3$ 的超胞,超胞包含 108 个原子,即在含有〈POSCAR_unitcell〉的目录下运行如下指令:

phonopy -d --dim="3 3 3" -c POSCAR-unitcell

则生成新文件〈SPOSCAR〉、〈disp. yaml〉、〈POSCAR-001〉、〈POSCAR-002〉、〈POSCAR-003〉。

3. VASP 计算

针对不同位移,需要进行三次 VASP 计算。在每次计算的文件夹中建立 VASP 的四个输入文件〈POSCAR〉、〈POTCAR〉、〈KPOINTS〉、〈INCAR〉。其中,对于输入文件〈POSCAR〉,将〈POSCAR-001〉、〈POSCAR-002〉、〈POSCAR-003〉分别命名为〈POSCAR〉即可;输入文件〈POTCAR〉复制 4.2 节已存档的文件;输入文件〈KPOINTS〉复制源文件 9.3 即可;输入文件〈INCAR〉见源文件 9.13,注意,设定 IBRION=−1,即进行静态计算,在计算过程中不需要弛豫结构。

源文件 9.13　输入文件〈INCAR〉

```
SYSTEM=SYSTEM=Ni2MnGa
```

```
####################files
ISTART=0
ICHARG=2
######################general
ISPIN=2
MAGMOM=54*1 27*3 27*0
GGA=PE
ENCUT=600
EDIFF=1E-5
PREC=Accurate
#LORBIT=11
LREAL=.FALSE.
LWAVE=.FALSE.
LCHARG=.FALSE.
#NEDOS=1200
####################smear
ISMEAR=1
SIGMA=0.2
######################relaxation
NSW=1
ISIF=2
POTIM=0.5
IBRION=-1
EDIFFG=-1E-4
```

　　运行 VASP 进行计算,得到输出文件〈vasprun. xml〉,将用于后续的声子谱线计算。

9.4.2　生成力文件〈FORCE_SETS〉

　　将三次 VASP 计算得到的三个〈vasprun. xml〉文件分别命名为对应的〈vasprun. xml-001〉、〈vasprun. xml-002〉、〈vasprun. xml-003〉,放到文件〈POSCAR-unitcell〉所在的文件夹下,运行如下指令:
　　phonopy -f vasprun. xml-001 vasprun. xml-002 vasprun. xml-003
生成输出文件〈FORCE_SETS〉,此文件给出超胞中原子发生有限位移产生的力的集合。

9.4.3　生成声子色散曲线

　　准备输入文件〈band. conf〉,见源文件 9.14。

源文件 9.14　输入文件⟨band. conf⟩

```
ATOM_NAME=NiMnGa
DIM=3 3 3
#PRIMITIVE_AXIS=-0.5 0.5 0.5 0.5 -0.5 0.5 0.5 0.5 -0.5
BAND=0.0 0.0 0.0 0.0 0.0 0.5 0.5 0.5 0.5 0.5  0.5 0.0 0.0 0.0 0.0 0.0 0.0 0.5 0.0 0.5
0.5 0.0 0.5 0.0 0.0 0.0 0.0 0.0
BAND_POINTS=101
BAND_LABELS=G Z A M G Z K X G
FORCE_SETS=READ
#FORCE_CONSTANTS=READ
```

　　运行如下指令:

　　phonopy -p -s --dim="3 3 3" -c POSCAR-unitcell band. conf

得到声子色散曲线输出文件⟨band. pdf⟩。同时通过生成对应的数据输出文件⟨band. dat⟩,用 Origin 软件绘出可编辑的含数据的声子色散曲线,如图 9.5(a)所示。

9.4.4　生成声子态密度

　　准备输入文件⟨mesh. conf⟩,见源文件 9.15。

源文件 9.15　输入文件⟨mesh. conf⟩

```
ATOM_NAME=NiMnGa
DIM=3 3 3
PRIMITIVE_AXIS=-0.5 0.5 0.5 0.5 -0.5 0.5 0.5 0.5 -0.5
MP=8 8 8
#FORCE_SETS=READ
#FORCE_CONSTANTS=READ
```

　　运行如下指令:

　　　　phonopy -p -s --dim="3 3 3" -c POSCAR-unitcell mesh. conf

得到态密度图输出文件⟨total_dos. pdf⟩,同时产生对应的数据输出文件⟨total_dos. dat⟩。用 Origin 软件绘出可编辑的含数据的声子态密度曲线,如图 9.5(b)所示。

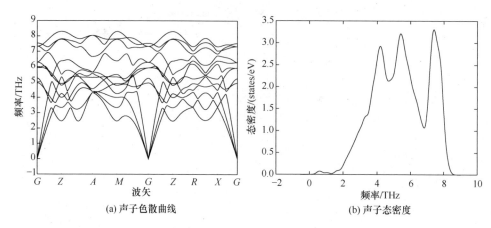

(a) 声子色散曲线　　　　　　　　(b) 声子态密度

图 9.5　Ni₂MnGa（四方）的声子谱线

9.4.5　热力学性质计算

运行如下指令：

phonopy -t -p -s --dim="3 3 3" -c POSCAR-unitcell mesh.conf

得到热力学性质输出文件〈thermal_properties.pdf〉，且在屏幕显示数据，内容见源文件 9.16。用 Origin 软件绘出可编辑的含数据的热力学性质曲线，如图 9.6 所示。

源文件 9.16　热力学性质计算时屏幕显示数据

```
---------------------------------------------------------------------
      T[K]        F[kJ/mol]      S[J/K/mol]     C_v[J/K/mol]     E[kJ/mol]
    0.000       12.9632739      0.0000000       0.0000000      12.9632739
   10.000       12.9632250      0.0271528       0.1123604      12.9634965
   20.000       12.9616822      0.3746450       1.3502741      12.9691751
   30.000       12.9529293      1.5572487       5.2679970      12.9996468
   40.000       12.9264694      3.9459581      12.0701387      13.0843078
   50.000       12.8699729      7.5381016      20.6199831      13.2468780
   60.000       12.7724838     12.0957558      29.6420124      13.4982291
   70.000       12.6258346     17.3217205      38.2699388      13.8383550
   80.000       12.4247104     22.9515244      46.0688482      14.2608323
   90.000       12.1661435     28.7814883      52.8965463      14.7564775
  100.000       11.8489015     34.6667652      58.7709221      15.3155780
  ......
---------------------------------------------------------------------
```

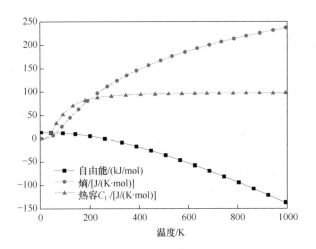

图 9.6　Ni_2MnGa（四方）热力学性质

9.5　Heusler 合金 Ni_2MnGa（四方）的声子谱线计算（DFPT）

本节采用 DFPT 法来详细计算 $c/a = 1.26$ 的 Ni_2MnGa（四方）的声子谱线。

9.5.1　计算过程

1. 准备晶体学晶胞并建立超胞

此处，声子谱线的计算采用晶体学晶胞。

将 6.5 节中 Ni_2MnGa（四方）结构充分优化的输出文件〈CONTCAR〉（源文件 6.9）转换为晶胞，并重命名为输入文件〈POSCAR_unitcell〉。

2. 建立超胞

建立基于晶体学晶胞〈POSCAR_unitcell〉的 $2\times2\times2$ 的超胞，超胞包含 128 个原子，即在含有〈POSCAR_unitcell〉的目录下运行如下指令：

phonopy -d --dim="2 2 2" -c POSCAR-unitcell

则生成新文件〈SPOSCAR〉、〈disp. yaml〉、〈POSCAR-001〉、〈POSCAR-002〉、〈POSCAR-003〉。其中，〈SPOSCAR〉文件为由单胞扩展得到的超胞；〈disp. yaml〉文件中包含了所有的位移信息；〈POSCAR-00＊〉文件表示发生了不同位移的超晶胞，其序号与〈disp. yaml〉文件中指定位移的顺序一致。

3. VASP 计算

采用微扰密度泛函法（DFPT）仅需进行一次 VASP 计算。

建立 VASP 的四个输入文件〈POSCAR〉、〈POTCAR〉、〈KPOINTS〉、〈INCAR〉。其中,输入文件〈POSCAR〉将〈SPOSCAR〉重命名为〈POSCAR〉即可;输入文件〈POTCAR〉复制 4.2 节已存档的文件即可;输入文件〈KPOINTS〉复制 9.2 节的源文件 9.3 即可;输入文件〈INCAR〉见源文件 9.17,注意设定 IBRION＝8,采用微扰密度泛函法(DFPT)进行计算,并得到 Hessian 矩阵。

源文件 9.17　输入文件〈INCAR〉

```
-------------------------------------------------------------
SYSTEM=Ni2MnGa
########################files
ISTART=0
ICHARG=2
#######################general
ISPIN=2
MAGMOM= 64*1 32*3 32*0
GGA=PE
ENCUT=600

EDIFF=1E-8
PREC=Accurate
#LORBIT=11
LREAL= .FALSE.
LWAVE= .FALSE.
LCHARG= .FALSE.
#NEDOS=1200
ADDGRID= .TRUE
###################smear
ISMEAR=1
SIGMA=0.2
######################relaxation
NSW=1
ISIF=3
POTIM=0.5
IBRION=8
EDIFFG=-1E-5

-------------------------------------------------------------
```

运行 VASP 进行计算,得到输出文件〈vasprun. xml〉以用于后续的声子谱线计算。

9.5.2　生成力常数文件〈FORCE_CONSTANTS〉

将 VASP 计算得到的〈vasprun. xml〉文件放到文件〈POSCAR-unitcell〉所在的文件夹下。运行如下指令：

phonopy --fc vasprun. xml

生成输出文件〈FORCE_CONSTANTS〉，此文件给出超胞中原子发生有限位移而导致的势场变化。通过进一步构造出动力学矩阵，算出声子色散曲线。

9.5.3　生成声子色散曲线

准备输入文件〈band. conf〉，见源文件 9.18。

源文件 9.18　输入文件〈band. conf〉

```
---------------------------------------------------------------
ATOM_NAME=NiMnGa
DIM=2 2 2
PRIMITIVE_AXIS=-0.5 0.5 0.5 0.5 -0.5 0.5 0.5 0.5 -0.5
BAND=0.0 0.0 0.0 0.0 0.0 0.5 0.5 0.5 0.5 0.5 0.5 0.5 0.0 0.0 0.0 0.0 0.0 0.0 0.5 0.0 0.5
0.5 0.0 0.5 0.0 0.0 0.0 0.0
BAND_POINTS=101
BAND_LABELS=G Z A M G Z K X G
#FORCE_SETS=READ
FORCE_CONSTANTS=READ
---------------------------------------------------------------
```

运行如下指令：

phonopy -p -s --dim="2 2 2" -c POSCAR-unitcell band. conf

得到声子色散曲线输出文件〈band. pdf〉。同时通过生成对应的数据输出文件〈band. dat〉，用 Origin 软件绘出可编辑的含数据的声子色散曲线，如图 9.7（a）所示。

9.5.4　生成声子态密度

准备输入文件〈mesh. conf〉，见源文件 9.19。

源文件 9.19　输入文件〈mesh. conf〉

```
---------------------------------------------------------------
ATOM_NAME=Ni Mn Ga
DIM=2 2 2
PRIMITIVE_AXIS=-0.5 0.5 0.5 0.5 - 0.5 0.5 0.5 0.5 -0.5
MP=8 8 8
```

```
# FORCE_SETS=READ
FORCE_CONSTANTS=READ
```

运行如下指令：

phonopy -p -s --dim="2 2 2" -c POSCAR-unitcell mesh. conf

得到态密度图输出文件〈total_dos. pdf〉。用 Origin 软件绘出可编辑的含数据的声子态密度曲线，如图 9.7(b)所示。

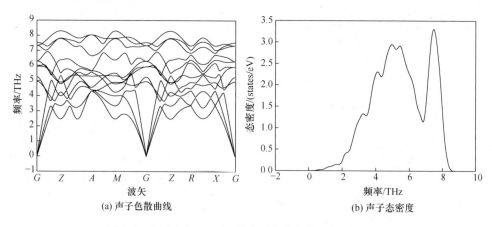

(a) 声子色散曲线　　　　　　　　　　(b) 声子态密度

图 9.7　Ni_2MnGa（四方）的声子色散曲线和声子态密度

9.5.5　热力学性质计算

运行如下指令：

phonopy -t -p -s --dim="2 2 2" -c POSCAR-unitcell mesh. conf

得到热力学性质输出文件〈thermal_properties. pdf〉，且有屏幕显示数据，见源文件 9.20。用 Origin 软件绘出可编辑的含数据的热力学性质曲线，如图 9.8 所示。

源文件 9.20　热力学性质计算时屏幕显示数据

T [K]	F [kJ/mol]	S [J/K/mol]	C_v [J/K/mol]	E [kJ/mol]
0. 000	13. 0394752	0. 0000000	0. 0000000	13. 0394752
10. 000	13. 0394269	0. 0247268	0. 0935884	13. 0396742
20. 000	13. 0381448	0. 3104036	1. 1437889	13. 0443529
30. 000	13. 0306360	1. 3668400	4. 8519619	13. 0716412
40. 000	13. 0067690	3. 6195079	11. 5544819	13. 1515493
50. 000	12. 9541437	7. 0942973	20. 0941592	13. 3088586

60. 000	12. 8615784	11. 5586442	29. 1496119	13. 5550971
70. 000	12. 7206776	16. 7122623	37. 8259944	13. 8905360
80. 000	12. 5259397	22. 2860812	45. 6750618	14. 3088262

……

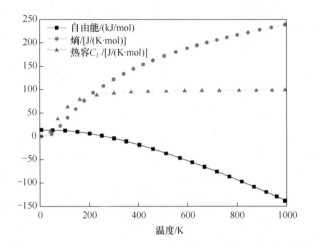

图 9.8　Ni_2MnGa（四方）热力学性质

参 考 文 献

［1］Gilat G,Nicklow R M. Normal vibrations in aluminum and derived thermodynamic properties[J].
　　 Physical Review B,1966,143(2):487-494.

［2］Stassis C,Arch D,McMasters O D,et al. Lattice dynamics of hcp Hf[J]. Physical Review B,
　　 1981,24(2):730-740.

［3］Daw M S,Hatcher R D. Application of the embedded atom method to phonons in transition
　　 meta[J]. Solid State Communications,1985,56(8):697-699.

［4］Nelson J S,Sowa E C,Daw M S. Calculation of phonons on the Cu(100) surface by the
　　 embedded-atom method[J]. Physical Review Letter,1988,61(17):1977-1980.

［5］Hao Y J,Zhang L,Chen X R,Cai L C,et al. Ab initio calculations of the thermodynamics and
　　 phase diagram of zirconium[J]. Physical Review B,2008,78(13):134101-1-134101-4.

［6］Mei Z G,Shang S L,Wang Y,et al. Density-functional study of the thermodynamic properties
　　 and the pressure-temperature phase diagram of Ti[J]. Physical Review B,2009,80(10):
　　 104116-1-104116-9.

［7］原鹏飞,祝文军,徐济安. BeO 高压相变和声子谱的第一性原理计算[J]. 物理学报,2010,
　　 59(12):8755-8761.

［8］DeCicco P D,Johnson F A. The quantum theory of lattice dynamics[J]. Proceedings of the
　　 Royal Society A,1969,310(1500):111-119.

[9] Pick R,Cohn M H,Martin R M. Microscopic theory of force constants in the adiabatic aprox-imation[J]. Physical Review B,1970,1(2):910-920.

[10] Baroni S,Gianozzi P,Testa A. Green's-function approach to linear response in solids [J]. Physical Review Letter,1987,58(18):1861-1864.

[11] Togo A,Oba F,Tanaka I. First-principles calculations of the ferroelastic transition between rutile-type and $CaCl_2$-type SiO_2 at high pressures[J]. Physical Review B, 2008, 78(13):134106-1-134106-9.

第 10 章　Heusler 合金基于遗传算法的晶体结构预测

晶体结构决定了材料的本征性能,所以晶体结构预测研究一直以来都是材料研究的核心课题。晶体结构预测指仅依据物质的化学组分来确定晶体结构,其实质就是在高维势能面上数目庞大的亚稳结构群中寻找全局能量最低的结构。由于高维势能面上局域极小值点的数量随着所研究体系原子数的增加呈指数级增长,因此预测材料的晶体结构不是一件容易的事。近年来,随着材料计算理论的发展和计算技术的进步,发展出很多预测晶体结构的方法,遗传算法正是其中的一个典型代表。

本章主要介绍遗传算法预测晶体结构的基本思想、USPEX 软件的特点,以及 Heusler 合金基于遗传算法软件 USPEX 进行晶体结构预测的方法。

10.1　基于遗传算法的晶体结构预测与 USPEX

遗传算法(genetic algorithms,GA)是 20 世纪 60～70 年代由美国密歇根大学的 Holland 教授最先提出的一种进化算法,Holland 也因此被称为遗传算法之父[1]。该算法模仿了生物学中的遗传和进化机制,遵从"适者生存,优胜劣汰"的自然选择规律,从随机产生的初始可行群体出发,凭借复制、交叉和变异等遗传操作来寻找所研究问题的最优解。它以能量高低作为新产生个体是否被淘汰的判据,可以实现群体能量的迅速收敛,是一种简单有效的进化方式。

为了克服传统遗传算法成功率低和计算成本高的缺点,2006 年,计算材料与晶体结构预测著名专家、美国纽约州立大学石溪分校的 Oganov 教授,开发了一种基于遗传算法的计算方法和同名的软件包 USPEX(universal structure predictor: evolutionary xtallography)。USPEX 在传统的遗传算法上做了一定的调整和改进,具有结构搜索高效、预测结果准确、功能齐全完善等优点[2-7]。

USPEX 的特点有:①仅从材料化学成分组成而不需要其他任何实验结构信息,就可以实现晶体结构预测;②可以在给定温度和压强条件,甚至高温高压等极限条件下进行结构预测;③支持各种晶胞结构的搜索;④可以由实验得到的晶胞结构开始搜索,如晶胞参数、晶胞形状和晶胞体积等;⑤可以由已知和假设结构开始搜索;⑥需要结合外部电子结构计算程序计算能量,来寻找全局能量最低的结构,它提供的接口非常丰富,有 VASP、SIESTA、GULP、LAMMPS、DMACRYS、CP2K、QuantumEspresso、FHI-aims、ATK、CASTEP、Tinker 和 MOPAC 等。

USPEX 预测晶体结构的基本过程如下。

（1）随机产生满足约束条件的第一代结构，同时也可以人为地设置一些优异的种子结构。

（2）对上一代中的结构进行几何优化，排除不好的结构，保留好的结构，并通过施加原子遗传、原子和晶格畸变、原子置换等进化模拟操作来获得下一代结构。对新产生的结构进行几何优化，周而复始。

（3）当寻找的结构满足事先设定的标准时，USPEX 的结构预测停止。例如，当进化结构搜寻达到预设的最大进化代数时，结束计算；当连续几代（如 20 代）的最优结构相同时，预测停止。

10.2　基于遗传算法的 Heusler 合金 Ni_2MnGa 晶体结构预测（USPEX＋VASP）

本节利用 USPEX 软件，结合第一性原理计算软件 VASP，对 Ni_2MnGa 的晶体结构进行预测。

10.2.1　计算过程

1. 准备 USPEX 程序文件

新建一个文件夹并命名为〈Ni2MnGa〉，将程序文件〈USPEX〉复制到该文件夹下，见源文件 10.1。

源文件 10.1　〈Ni2MnGa〉文件夹目录下复制的程序文件〈USPEX〉

```
-------------------------------------------------------------
CalcFold1
FunctionFolder
RemoteSubmission
Seeds
Specific
clean
Current_EXE
Current_OFF
Current_ORG
Current_POP
ev_alg.m
finish.m
getFromTo
```

```
getStuff
INPUT_EA.txt
```

----

2. 修改输入控制文件〈INPUT_EA.txt〉

〈INPUT_EA.txt〉文件主要用来控制 USPEX 演化算法的参数。打开〈INPUT_EA.txt〉文件，进行参数修改。需要修改的参数见源文件 10.2。输入控制文件〈INPUT_EA.txt〉中还有很多其他参数，保持默认值即可。

源文件 10.2　输入控制文件〈INPUT_EA.txt〉的说明

```
1:calculationType(1=bulk,2=clusters,4=varcomp bulk,11=molecular crystals)
PREC=Normal              #1 表示晶体结构的预测，而非团簇等结构
%numIons
2 1 1                    #原子的个数，对应下面的 atomtype，表示体系中有两个 Ni 原
                          子、一个 Mn 原子、一个 Ga 原子
%EndNumIons
%atomType
28 25 31                 #原子序数，表示体系中有三种原子，分别为 Ni、Mn、Ga
%EndAtomType
10:populationSize(how many individuals per generation)  #每一代中结构的个数
10 : initialPopSize (how many individuals in the first generation - if = 0 then
equal to the size specified above)        #第一代中产生的结构数目
35:numGenerations(how many generations shall be calculated)
                    #给定演化代数的最大值
40:stopCrit(stop when maximum AVERAGE difference between a fitness and the
best fitness of is below this value in eV)        #计算的结束标准
3:keepBestHM(how many structures should survive and compete in the next gen-
eration)              #定义多少最优结构将会保留到下一代
2:dynamicalBestHM(1:number of surviving structures varies during calcula-
tions with previous parameter as upper bound;2:clusterisation,so that number
of surviving structures is always equal to KeepBestHM)   #设定动态最优结构方式
0:reoptOld(should the old structures be reoptimized?1:yes,0:no)
                    #结构将不用重新优化而被保留
0.6:bestFrac(What fraction of current generation shall be used to produce the
next generation)          #用于产生子代的结构占当前结构的比例
%IonDistances
1.6 1.6 1.6
0.0 1.6 1.6
```

```
0.0 0.0 1.6                              #原子间最小间距,写成矩阵形式,规模与体系相关
%EndDistances
%Latticevalues (this word MUST stay here,type values below)
66                                       #预先猜测的晶体体积,不影响结果,只影响计算速度
%Endvalues (this word MUST stay here)
0:pickUpYN(if pickUpYN-=0,then a previous calculation will be continued )
0:pickUpGen(at which generation shall the previous calculation be picked up?
If=0,then a new calculation is started)
0:pickUpFolder(number of the results folder to be used. If=0,then the highest
existing number is taken)
abinitioCode(which code shall be used for calculation? Up to now:vasp,siesta,gulp)
1 1 1 1                                  #四次计算都选择了 VASP 程序
ENDabinit
%numProc
16 16 16 16                              #16 个核并行计算
%EndProcessors
%KresolStart
0.16 0.12 0.08 0.06                      #k 点产生倒空间的分辨率
%Kresolend
%commandExecutable
mpirun-np 16 vasp
mpirun-np 16 vasp
mpirun-np 16 vasp
mpirun-np 16 vasp                        #调用 VASP 的指令
```

----

3. 准备输入文件〈INCAR〉

　　根据源文件 10.2 的设置,要进行四次不同精度的 VASP 计算,从低精度开始一轮轮进行,精度逐渐增加,直到得到最后的结果,这样比一次设定很高精度的计算量更小,节省计算时间;每次计算都是调用 VASP 软件包进行能量计算;每次进行 VASP 计算时都调用计算机的 16 个核并行计算。

　　需要在〈Specific〉文件夹下建立〈INCAR_1〉、〈INCAR_2〉、〈INCAR_3〉、〈INCAR_4〉四个文件,如源文件 10.3～源文件 10.6 所示。四个文件设置的精度逐渐升高,其中通过参数 PREC、EDIFF 和 EDIFFG 来控制精度,通过参数 NSW 来控制计算的步数。

源文件 10.3　　输入文件〈INCAR_1〉

SYSTEM=Ni2MnGa

```
####################files
ISTART=0
ICHARG=2
####################general
ISPIN=2
MAGMOM=2*1 3 0
GGA=PE
ENCUT=600
EDIFF=3E-3
PREC=LOW
#LORBIT=11
LREAL=.FALSE.
LWAVE=.FALSE.
LCHARG=.FALSE.
#NEDOS=1200
####################smear
ISMEAR=1
SIGMA=0.10
####################relaxation
NSW=15
ISIF=4
POTIM=0.020
IBRION=2
EDIFFG=-2E-1
####################
#Target Pressure
PSTRESS=0.00010
#Crude optimisation
```

源文件 10.4   输入文件〈INCAR_2〉

```
SYSTEM=Ni2MnGa
####################files
ISTART=0
ICHARG=2
####################general
ISPIN=2
MAGMOM=2*1 3 0
```

```
GGA=PE
ENCUT=600
EDIFF=1E-3
PREC=Normal
#LORBIT=11
LREAL=.FALSE.
LWAVE=.FALSE.
LCHARG=.FALSE.
#NEDOS=1200
####################smear
ISMEAR=1
SIGMA=0.05
####################relaxation
NSW=15
ISIF=4
POTIM=0.020
IBRION=2
EDIFFG=-4E-2
####################
#Target Pressure
PSTRESS=0.00010
#Crude optimisation
```

源文件 10.5　输入文件⟨INCAR_3⟩

```
SYSTEM=Ni2MnGa
####################files
ISTART=0
ICHARG=2
####################general
ISPIN=2
MAGMOM=2*1 3 0
GGA=PE
ENCUT=600
EDIFF=1E-3
PREC=Normal
#LORBIT=11
LREAL=.FALSE.
```

```
LWAVE=. FALSE.
LCHARG=. FALSE.
#NEDOS=1200
####################smear
ISMEAR=1
SIGMA=0. 050
####################relaxation
NSW=15
ISIF=3
POTIM=0. 020
IBRION=2
EDIFFG=1E-2
####################
#Target Pressure
PSTRESS=0. 00010
#Crude optimisation
```

源文件 10.6　输入文件〈INCAR_4〉

```
SYSTEM=Ni2MnGa
####################files
ISTART=0
ICHARG=2
####################general
ISPIN=2
MAGMOM=2*1 30
GGA=PE
ENCUT=600
EDIFF=1E-3
PREC=High
#LORBIT=11
LREAL= .FALSE.
LWAVE= .FALSE.
LCHARG= .FALSE.
#NEDOS=1200
####################smear
ISMEAR=1
SIGMA=0. 050
```

```
######################relaxation
NSW=5
ISIF=3
POTIM=0.020
IBRION=2
EDIFFG=1E-2
####################
# Target Pressure
PSTRESS=0.00010
#Crude optimisation
```
----

4. 准备输入文件〈POTCAR〉

将 4.2 节已存档的输入文件〈POTCAR〉复制到〈specific〉文件夹下,复制四次并分别重命名为〈POTCAR_1〉、〈POTCAR_2〉、〈POTCAR_3〉、〈POTCAR_4〉。VASP 运行所需要的另外两个文件〈KPOINTS〉和〈POSCAR〉,均由 USPEX 软件提供,无需另行准备。

5. 进行 USPEX 计算

在/Ni2MnGa 路径下打开终端,输入如下指令:

@:matlab <ev_alg.m>log&

运行 USPEX 程序,程序会自动在/Ni2MnGa 路径的文件夹下生成计算结果文件夹〈result〉,计算过程中〈result〉文件夹从〈result1〉开始自动编号,多次计算就会产生多个〈result〉文件夹。/Ni2MnGa 路径下的〈log〉文件记录了计算的过程,可以从中观察计算的进度。

运行 USPEX 程序后,/Ni2MnGa 路径下增加的文件见源文件 10.7。

源文件 10.7　/Ni2MnGa 路径下增加的文件

```
results1
Log
POSCAR_order
still_reading              #手动停止软件运行的会保留此文件,否则不会保留
```
----

6. 结束计算

尽管在〈INPUT_txt〉文件中有控制计算进行的参数,但是多数情况下仍可以

自行判断计算进度并提前结束计算。打开〈result1〉文件夹下的〈Bestfitness〉文件,查看每一代的最低能量值,见源文件 10.8。本次计算的能量值经过十几代计算后稳定在 $-24.3363\mathrm{eV}$ 这个值,此时就可以停止计算,直接关闭运行 USPEX 的终端即可。

源文件 10.8　〈Bestfitness〉文件

```
------------------------------------------------------------
......
-24.2702
-24.3195
-24.3354
-24.3354
-24.3363
-24.3363
-24.3363
-24.3363
-24.3363
-24.3363
-24.3363
------------------------------------------------------------
```

10.2.2　提取计算结果

在〈results1〉文件夹中,随着结构演化的进行会陆续产生文件〈generation1〉,〈generation2〉,…,直至结束。除此之外,在〈results1〉文件夹中还有其他输出文件,需要查看的文件有〈enthalpies〉(演化过程中所有结构对应的能量)、〈BESTenthalpies〉(每代最优结构对应的能量)、〈gatheredPOSCAR〉(演化过程中所有的结构)、〈BESTgathered POSCAR〉(每一代的最优结构)等。

USPEX 程序进行结构演化,以 10(可设置每代个数)结构为一代,首代结构随机产生,新结构中 60% 来于遗传,20% 通过晶格转变,20% 通过排列变化。另外,每代中最优的三个结构保留至下一代中,即参数 keepBestHM 设为 3。整个演变过程中 168 个结构的详细信息记录在输出文件〈gatheredPOSCAR〉中,见源文件10.9。每一代各结构的能量见源文件 10.10。

源文件 10.9　输出文件〈gatheredPOSCAR〉

```
------------------------------------------------------------
EA2 4.38876 3.83826 3.70489 89.6716 65.1769 64.6671 Symmetry group:no SG
1.0
3.4210236191 2.3797139506 -1.3765213682
```

- 0. 89214889894 3. 1835820964 - 1. 9496362177

1. 6032300243 2. 076831955 2. 6158449621

2 1 1

Direct

0. 50471437887 0. 29948244263 0. 3117743408

0. 4973372208 0. 79877042358 0. 81351524586

0. 01202354775 0. 5491208369 0. 048678816657

0. 99534616431 0. 057903730177 0. 55743603053

······

EA16 4. 25885 3. 84128 3. 75962 90. 3326 64. 302 63. 9371 Symmetry group:no SG

1. 0

4. 2501359232 0. 1391207185 0. 23409779751

1. 5816206422 3. 4993813388 - 0. 090898062848

1. 4653417042 - 0. 59766491715 3. 410327465

2 1 1

Direct

0. 12533785727 0. 27949834655 0. 25614963391

0. 13304636487 0. 77565997477 0. 7519116813

0. 63079584437 0. 027433845639 0. 50103920038

0. 63036352942 0. 52793692158 0. 0030100050927

······

EA151 4. 29178 3. 81007 3. 79579 90. 2365 64. 2427 63. 6872 Symmetry group:no SG

1. 0

2. 6324827592 3. 387255817 0. 12623019723

- 1. 659934133 3. 4294425955 0. 013566255533

1. 5818963422 0. 73493432946 3. 3712783548

2 1 1

Direct

0. 50894501686 0. 7386115883 0. 27180560582

0. 51079349384 0. 23746768957 0. 7700615532

0. 0096132682539 0. 48803999952 0. 52118629325

0. 010161539487 0. 98784845372 0. 020924665721

······

源文件 10. 10　输出文件〈enthalpies〉

-------generation1-------

1-23. 4777

2-24.2702

3-23.8917

4-21.9231

5-22.6285

6-23.9672

7-24.076

8-22.9259

9-23.4508

10-V23.7398

-------generation2 -------

11-24.1876

12-24.1492

13-23.7614

14-24.1738

15-24.1626

16-24.3195

17-23.9735

18-23.7011

19-23.17

20-23.5319

21-23.9868

22-23.7245

23-24.2702

24-24.076

25-23.9672

-------generation3-------

26-24.0378

27-24.3354

28-24.2022

29-24.1656

30-24.1216

31-24.1199

32-24.1497

33-24.1549

34-23.7338

35-24.1671

36-24.1546

37-24.1438

38－24.3195

39－24.2702

40－24.1738

......

10.2.3　数据处理

Ni_2MnGa 结构预测中的能量演化如图 10.1 所示。

(1) 图 10.1(a)是遗传演化中每代结构与能量的散点图,其中每个圆点代表一种可能的结构对应的能量值,每一代有 10 个不同的结构。作图方法:将⟨enthalpies⟩文件的数据导入 Origin 软件,绘制散点图,调整散点的形式和坐标的比例。

(2) 图 10.1(b)是遗传演化中每代最稳结构的最低能量,其中的阶梯曲线表示每一代中的最低能量,所有能量均相对于基态能量而言。作图方法:将⟨BESTenthalpies⟩数据导入 Origin 软件作为 Y 轴,再添加一列 $1,2,3,\cdots$ 作为 X 轴,作折线图即可。图像显示,结构由最初的随机结构最后演化为一种稳定的结构。

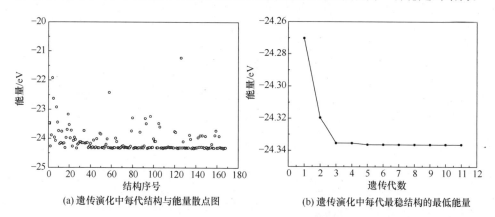

(a) 遗传演化中每代结构与能量散点图　　　　(b) 遗传演化中每代最稳结构的最低能量

图 10.1　Ni_2MnGa 结构预测中的能量演化

打开/Ni2MnGa 路径下的⟨BESTgatheredPOSCAR⟩文件,可以看到该文件中记录了每一代结构中能量最低的结构所对应的原子位置信息。将计算过程中最后一代的位置信息复制到新建的⟨POSCAR⟩文件中,见源文件 10.11,即预测的 Ni_2MnGa 晶体结构的⟨POSCAR⟩文件。

源文件 10.11　预测的 Ni_2MnGa 晶体结构⟨POSCAR⟩文件

EA151 4.29178 3.81007 3.79579 90.2365 64.2427 63.6872 Symmetry group:no SG

1.0

2.6324827592 3.387255817 0.12623019723

-1. 659934133 3. 4294425955 0. 013566255533

1. 5818963422 0. 73493432946 3. 3712783548

2 1 1

Direct

0. 50894501686 0. 7386115883 0. 27180560582

0. 51079349384 0. 23746768957 0. 7700615532

0. 0096132682539 0. 48803999952 0. 52118629325

0. 010161539487 0. 98784845372 0. 020924665721

----

10. 2. 4　查看预测的 Ni_2MnGa 晶体结构

首先将预测的 Ni_2MnGa 晶体结构的〈POSCAR〉文件（源文件 10. 11）导入 VESTA 软件,如图 10. 2 所示;然后导出为〈POSCAR. cif〉格式文件,再将其导入 Materials Studio 平台中,依次选择 Build | Symmetry | Find Symmetry 命令,在弹出的对话框中尝试用不同的精度添加对称性,这样即可寻找对称性和晶格常数,如图 10. 3 所示。由图可知,预测的 Ni_2MnGa 晶体结构空间群为 I4/MMM,晶格常数为 $a' = 3.80294\text{Å}$, $c = 6.72103\text{Å}$,如图 10. 4 所示。

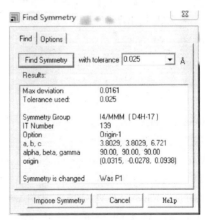

图 10. 3　用 Materials Studio 平台
寻找对称性和晶格常数

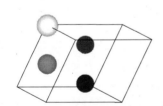

图 10. 2　VESTA 软件中得到的
Ni_2MnGa 结构图
●-Ni 原子 ●-Mn 原子 ○-Ga 原子

需要特别指出,图 10. 4 在考察 Ni_2MnGa 四方结构时所选取的 a' 与通常的 Heusler 合金四方变形中 c/a 的晶格常数 a,存在 $\sqrt{2}$ 倍的关系,如图 10. 5 所示,即

$$a = a'\sqrt{2} = 3.80294\sqrt{2} = 5.378\text{Å}$$
$$c = 6.72103\text{Å}$$
$$c/a = 1.24$$

由此表明,预测 Ni_2MnGa 在 0K 的稳定结构为四方结构,和室温 Ni_2MnGa (L2₁)立方晶体结构相比,是一个 c 轴拉伸、a 轴压缩的结构,其 $c/a=1.24$。值得指出的是,遗传算法基于的是全局搜索,所获得结构的精度相对较低,因此可以进一步用 VASP 软件进行局域结构优化,精确计算晶体结构。

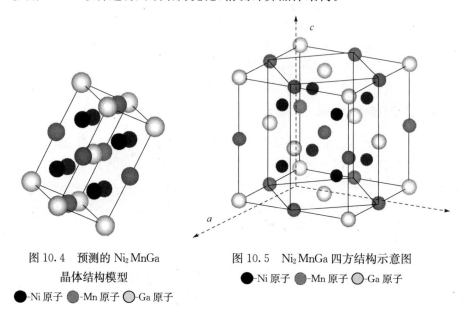

图 10.4　预测的 Ni_2MnGa
晶体结构模型
●-Ni 原子 ●-Mn 原子 ○-Ga 原子

图 10.5　Ni_2MnGa 四方结构示意图
●-Ni 原子 ●-Mn 原子 ○-Ga 原子

参 考 文 献

[1] Holland J H. Adaption in Natural and Artificial Systems[M]. Michigan：the University of Michigan Press,1975.

[2] Martonak R, Laio A, Parrinello M. Predicting crystal structures：The Parrinello-Rahman method revisited[J]. Physical Review Letters,2003,90(7)：075503-1-075503-4.

[3] Oganov A R,Glass C W. Crystal structure prediction using ab initio evolutionary techniques：Principles and applications[J]. Journal of Chemical Physics, 2006, 124(24): 244704-1-244704-15.

[4] Glass C W, Oganov A R, Hansen N. Uspex-evolutionary crystal structure prediction[J]. Computer Physics Communications,2006,175(11/12)：713-720.

[5] Oganov A R, Lyakhov A O, Valle M. How evolutionary crystal structure prediction works-and why[J]. Accounts of Chemical Research,2011,44(3)：227-237.

[6] Lyakhov A O, Oganov A R, Stokes H T, et al. New developments in evolutionary structure prediction algorithm uspex[J]. Computer Physics Communications,2013,184(4)：1172-1182.

[7] 钱帅,郭新立,王家佳,等. $Cu_{(n-1)}Au(n=2\sim10)$团簇结构、静态极化率及吸收光谱的第一性原理研究[J]. 物理学报,2013,62(5)：451-458.

第 11 章 Heusler 合金 $Pd_2MGa(M=Cr,Mn,Fe)$ 的第一性原理计算

一直以来，人们对 Pd 基 Heusler 合金的研究相对较少，研究内容大多集中在超导、磁性和半金属性等方面。文献[1]～[5]对 Pd 基的部分 Heusler 合金进行了系统的研究，如 Pd_2ZrAl、Pd_2HfAl、Pd_2ZrIn 和 Pd_2HfIn 等，研究结果揭示出这四种 Pd 基 Heusler 合金都不具有半金属性，却都表现出超导性，因此有可能应用于超导体及磁性控制结。近年来，对于 Pd 基 Heusler 合金第一性原理计算的研究逐渐活跃起来[6-8]。

本章从探寻和设计新的具有开发应用价值的 Heusler 合金的角度出发，计算 Pd 基 Heusler 合金 $Pd_2MGa(M=Cr,Fe,Mn)$ 的结构与性能，具体内容包括 Pd 基 Heusler 合金结构预测、四方变形计算、磁性计算、态密度计算、弹性常数和弹性模量计算、声子谱线计算等。

11.1 基于遗传算法的 Pd_2MGa 结构预测

本章采用基于遗传算法的 USPEX 软件来预测 Pd_2MGa 的晶体结构，四方变形、磁性、态密度、弹性常数的计算则是利用基于密度泛函理论（density functional theory, DFT）的 VASP 软件包，采用经相对论校正的投影缀加波（projector augmented wave, PAW）方法，交换关联能采用广义梯度近似（GGA）方法，平面波截断能选取为 500eV，k 点网格采用 $12 \times 12 \times 12$，计算过程均采用自旋极化的处理方式。

进行立方结构声子计算时，建立了基于物理学晶胞的 $2 \times 2 \times 2$ 的超胞（128 原子）；进行四方结构声子计算时，建立了基于物理学原胞 $3 \times 3 \times 3$ 的超胞（108 原子）；用 VASP 软件计算作用在胞内各个原子的力常数，再用 PHONOPY 软件进行 Pd_2MGa 声子的计算。

Heusler 合金常见结构有两种，即 Cu_2MnAl 型（空间群 $FM\bar{3}M$）和 Hg_2CuTi 型（空间群 $F\bar{4}M$）。确定 $Pd_2MGa(M=Cr,Mn,Fe)$ 属于哪种结构，是进行第一性原理计算建模的基础。基于遗传算法的晶体结构预测技术能够全局搜索能量最低值，从而获得最稳定的晶体结构[4,5]。这里使用 USPEX 软件来预测 $Pd_2MGa(M=Cr,Mn,Fe)$ 的晶体结构。在预测过程中，调用 VASP 软件计算能量作为衡量参

数,Pd₂CrGa 结构预测中的能量演化如图 11.1 所示,Pd₂MnGa 结构预测中的能量演化如图 11.2 所示,Pd₂FeGa 结构预测中的能量演化如图 11.3 所示。

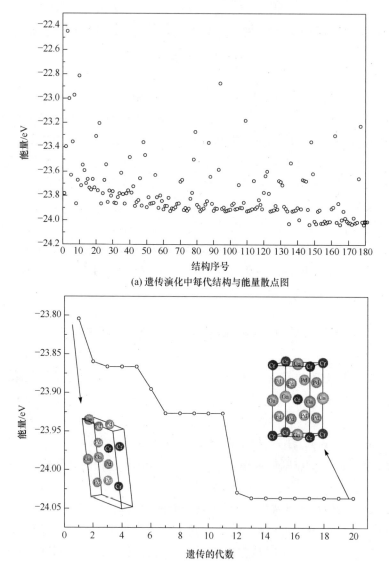

(a) 遗传演化中每代结构与能量散点图

(b) 遗传演化中每代最稳结构的最低能量

图 11.1　Pd₂CrGa 结构预测中能量演化

对用 USPEX 预测的 Pd₂MGa(M=Cr,Mn,Fe)结构,通过寻找对称性,确定最优晶体结构为空间群 139 号、对称群 I4/MMM,Pd 原子的位置为(0.25,0.25,0.25)及(0.75,0.75,0.75),M 原子的位置是(0,0,0),Ga 原子的位置为(0.5,

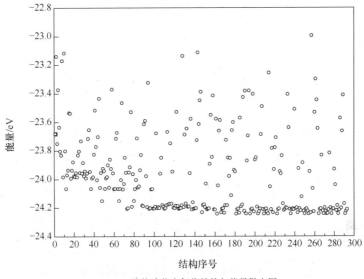

(a) 遗传演化中每代结构与能量散点图

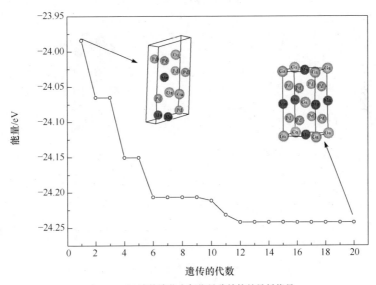

(b) 遗传演化中每代最稳结构的最低能量

图 11.2　Pd₂MnGa 结构预测中能量演化

0.5,0.5);Pd₂CrGa、Pd₂GaMn、Pd₂FeGa 的预测晶格常数见表 11.1。这表明基态时 Pd₂MGa 的结构为四方结构,其所对应的立方结构为 L2₁ 相,属于典型的 Cu₂MnAl 型 Heusler 合金结构。

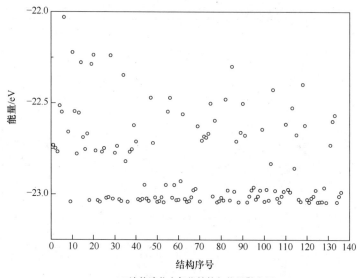

(a) 遗传演化中每代结构与能量散点图

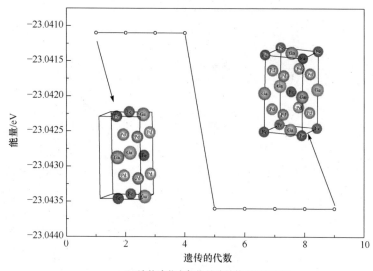

(b) 遗传演化中每代最稳结构的最低能量

图 11.3　Pd₂FeGa 结构预测中能量演化

接下来,将基于 Cu₂MnAl 型 Heusler 合金结构模型进行 Pd₂MGa 的第一性原理计算研究。

11.2　Pd₂MGa 晶格常数优化

本节采用 VASP 软件来计算 Pd₂MGa(L2₁)在不同晶格常数下的能量,作出能量-晶格常数曲线,并进行二次拟合,找出能量最低点,其所对应的晶格常数为优化后的平衡晶格常数。具体过程如下。

(1) 建立 $Pd_2MGa(L2_1)$ 结构和 Pd_2MGa(四方)结构的模型,其中黑色、灰色和白色圆分别代表 Pd、M 和 Ga 原子,如图 11.4 所示。

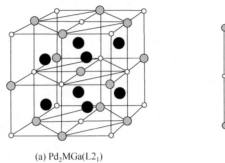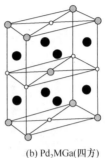

(a) $Pd_2MGa(L2_1)$　　　　　　　　　　　(b) Pd_2MGa(四方)

图 11.4　Pd_2MGa 的晶体结构

(2) 对 $Pd_2CrGa(L2_1)$ 计算一系列从 6.15Å 至 6.27Å 间隔 0.01Å 的晶格常数时的能量;分别对 $Pd_2MnGa(L2_1)$ 和 $Pd_2FeGa(L2_1)$ 进行不同晶格常数时的能量计算;进行能量 E 与晶格常数 a 关系的二次拟合,如图 11.5 所示。

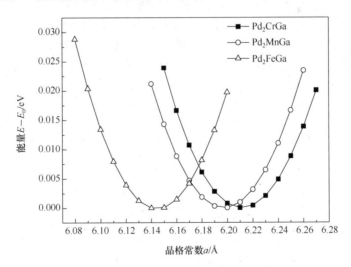

图 11.5　能量 E 与晶格常数 a 关系的二次拟合曲线

(3) 将 Pd_2MGa 的 USPEX 软件预测的四方结构晶格常数、VASP 软件优化的 $L2_1$ 立方结构晶格常数以及文献中晶格常数计算值[9,10]的数据进行汇总,如表 11.1 所示。由此,对 Pd_2MGa 的晶体结构特征有了基本的把握。

表 11.1　Pd_2MGa 的晶格常数($\overset{\circ}{A}$)

合金	计算方法	L2₁结构	四方结构	
		$a=b=c$	$a=b$	c
Pd₂CrGa	USPEX(本章)	—	5.766	7.206
	VASP(本章)	6.211	—	—
	文献计算值[9]	6.134	—	—
	文献计算值[10]	—	5.620	7.306
Pd₂MnGa	USPEX(本章)	—	5.708	7.258
	VASP(本章)	6.197	—	—
Pd₂FeGa	USPEX(本章)	—	5.615	7.362
	VASP(本章)	6.146	—	—

11.3　Pd_2MGa 的四方变形计算

11.3.1　Pd_2MGa 四方变形过程中的能量变化

通过四方变形,可以呈现因为晶体结构的变化所带来的性能的变化。要计算 Pd_2MGa 四方变形过程中的能量变化,可对优化后的 $Pd_2MGa(M=Cr,Mn,Fe)$ $(L2_1)$结构施加四方变形,$(1+\delta)$取 0.86～1.36,间隔为 0.02,分别计算每个 c/a 所对应结构的总能;计算得到 Pd_2MGa 的体积不变时总能差(相对于 $L2_1$结构)与 c/a 的关系曲线,如图 11.6 所示;Pd_2MGa 的总能差局域极小值和最小值时的

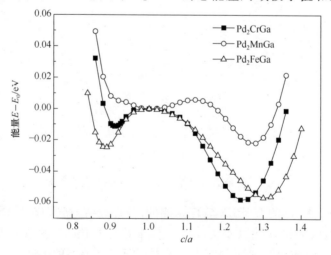

图 11.6　Pd_2MGa 的体积不变时总能差与 c/a 的关系曲线

c/a 如表 11.2 所示。由图和表可以看到,在四方变形曲线上,能量最小值处对应着一个四方结构的稳定的马氏体相,该结构与 USPEX 软件预测的结构吻合。

表 11.2　Pd₂MGa 的总能差局域极小值时和最小值时的 c/a

合金	极小值时的 c/a	最小值时的 c/a
Pd₂CrGa	0.91	1.24
Pd₂MnGa	1.00	1.27
Pd₂FeGa	0.89	1.30

11.3.2　Pd₂MGa 四方变形过程中的磁性变化

计算得到 Pd₂MGa(M＝Cr,Mn,Fe)在四方变形过程中磁性的变化情况,如图 11.7所示。由图可见,Pd₂MGa(M＝Cr,Mn,Fe)总磁矩的主要来源是 M(Cr,Mn,Fe)原子,Pd 原子的磁矩相对较小,而 Ga 原子的磁矩几乎可以忽略;Pd₂CrGa 总磁矩在 $c/a<1.0$ 和 $c/a>1.0$ 处,均有极大值出现;在 $c/a=1.0$,即 Pd₂MGa(L2₁)结构处,总磁矩为极小值。

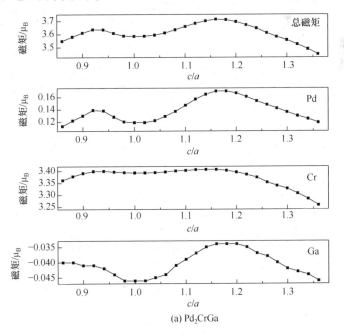

(a) Pd₂CrGa

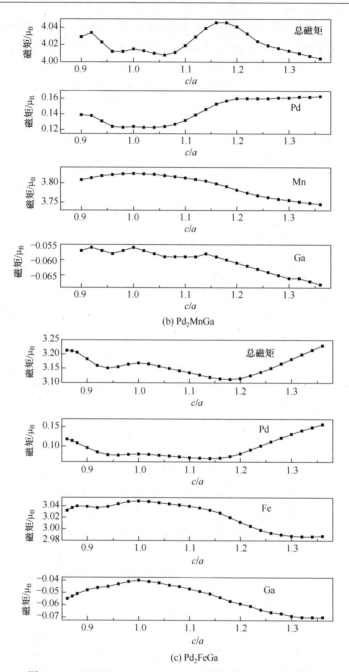

图 11.7　Pd$_2$MGa(M=Cr,Mn,Fe)磁性随 c/a 的变化曲线

11.3.3　Pd$_2$MGa 的磁性计算

在此,对四方变形曲线上的 Pd$_2$MGa(L2$_1$)结构和 $c/a>1.0$ 极值点的

Pd$_2$MGa（四方）结构的磁性进行精细计算。首先有必要用 VASP 软件对结构进行局域结构优化，精确计算晶体结构；然后再计算 Pd$_2$MGa（L2$_1$）结构和 Pd$_2$MGa（四方）结构的磁矩，见表 11.3。由表可以看出，Pd$_2$MGa（L2$_1$）结构和 Pd$_2$MGa（四方）结构均有较强铁磁性，Pd$_2$CrGa 磁矩在 3.5μ_B 以上，Pd$_2$MnGa 磁矩在 4.0μ_B 以上，而 Pd$_2$FeGa 磁矩在 3.1μ_B 以上。通过磁矩计算发现，不含铁磁性元素也可表现出较强铁磁性，这与 Heusler 合金的磁性规律相符合；Ga 原子对 Pd$_2$MGa(M=Cr,Mn,Fe)的贡献很小，磁性的主要来源为 Pd 原子和 M(M=Cr,Mn,Fe)原子。

表 11.3　Pd₂MGa 总磁矩和各原子的局域磁矩(μ_B)

合金	结构	Pd	M(M= Cr,Mn,Fe)	Ga	总磁矩
Pd$_2$CrGa	L2$_1$结构	0.119	3.393	−0.046	3.585
	四方结构 ($c/a≈1.24$)	0.154	3.374	−0.037	3.646
Pd$_2$MnGa	L2$_1$结构	0.124	3.824	−0.056	4.015
	四方结构 ($c/a≈1.27$)	0.161	3.750	−0.065	4.008
Pd$_2$FeGa	L2$_1$结构	0.080	3.048	−0.040	3.168
	四方结构 ($c/a≈1.30$)	0.133	2.976	−0.068	3.174

11.4　Pd$_2$MGa 的态密度计算

通过磁性计算发现，Pd$_2$MGa(M=Cr,Mn,Fe)均表现为较强的铁磁性，说明合金中原子之间存在较强的关联作用，通过强关联作用使得元素在 Pd$_2$MGa 合金中呈现自旋极化。为了从电子角度分析 Heusler 合金 Pd$_2$MGa 中原子之间的相互作用，进一步阐述磁性的来源，本节计算了 Pd$_2$MGa(M=Cr,Mn,Fe)的态密度。

11.4.1　Pd$_2$CrGa 的态密度

计算得到 Pd$_2$CrGa 的态密度，如图 11.8 所示。由图可见：

（1）自旋向上态密度有两个峰值集中区，即费米能以下 2~6eV 的价带区和靠近费米能 0~1eV 的价带区。

（2）自旋向下态密度峰值主要集中在 2~5eV 的价带区和费米能以上 2eV 附近的导带区，并且四方结构态密度的峰值低于立方结构态密度的峰值。

（3）由分波态密度分析发现，两种结构磁性主要来源于 Cr 原子在费米能附近自旋向下和自旋向上不对称造成的，而 Pd 原子自旋向上和自旋向下态密度对称性较高，对总磁矩的贡献较小。Ga 原子对总磁矩几乎没有贡献，可以忽略。

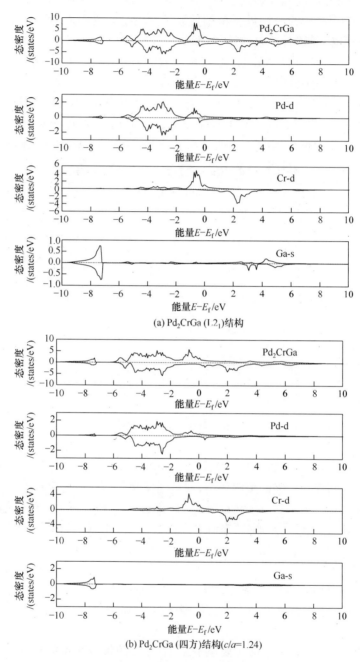

(a) Pd$_2$CrGa (L2$_1$)结构

(b) Pd$_2$CrGa (四方)结构(c/a=1.24)

图 11.8　Pd$_2$CrGa 的态密度

11.4.2　Pd$_2$MnGa 的态密度

计算得到 Pd$_2$MnGa 的态密度,如图 11.9 所示。由图可见:

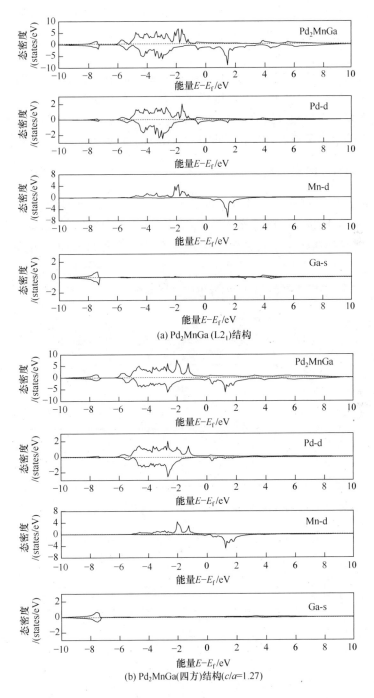

(a) Pd₂MnGa (L2₁)结构

(b) Pd₂MnGa(四方)结构(c/a=1.27)

图 11.9　Pd₂MnGa 的态密度

（1）态密度自旋向上峰值主要集中在费米能以下 2～6eV 的价带区。

（2）态密度自旋向下峰值主要集中在 3～5eV 的价带区和费米能以上 2eV 附近的导带区。

（3）Pd_2MnGa 显现铁磁性是由 Mn 原子 d 轨道电子自旋向上和自旋向下不对称造成的。Mn 原子 d 轨道态密度峰值的高度与总态密度的高度一致，说明 Mn 原子态密度自旋向上和自旋向下不对称是造成总态密度不对称的主要原因。Mn 原子是磁性的主要承载者，Pd 原子贡献少，Ga 原子的贡献可以忽略不计。

11.4.3　Pd_2FeGa 的态密度

计算得到 Pd_2FeGa 的态密度，如图 11.10 所示。由图可知，和 Pd_2CrGa 和 Pd_2MnGa 一样，Pd_2FeGa 的总态密度来源于 Pd 原子、Fe 原子 3d 轨道态电子和 Ga 原子 4s 轨道态电子。Pd 原子 3d 态电子自旋向上和自旋向下对称性较高，对磁性贡献较少，所以 Pd_2FeGa 的强铁磁性主要来源于 Fe 原子 3d 态电子的自旋磁矩。Ga 原子 4s 态电子对磁性的贡献同样可以忽略。

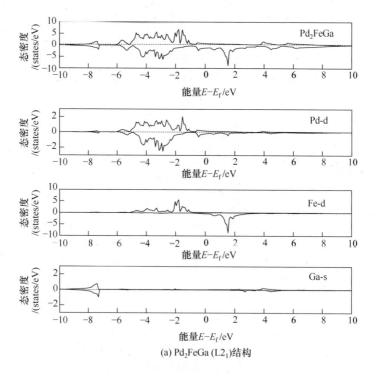

(a) Pd_2FeGa ($L2_1$)结构

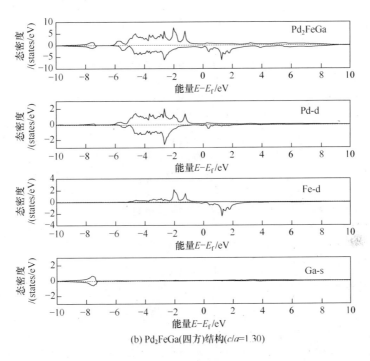

(b) Pd₂FeGa(四方)结构(c/a=1.30)

图 11.10　Pd₂FeGa 的态密度

从图 11.8～图 11.10 可以看出,无论是 Pd₂MGa (L2₁)结构还是 Pd₂MGa(四方)结构,它们的态密度都表现出很强的自旋极化,总态密度的自旋向上和自旋向下部分存在较大的自旋劈裂。M(Cr,Mn,Fe)原子费米面附近的态密度呈现比较大的自旋劈裂,且峰值与总态密度的峰值一致,这说明 M(Cr,Mn,Fe)原子是对磁性做出主要贡献的原子。Pd 原子自旋向上和自旋向下的态密度对称性较高,对总磁矩贡献有限,而 Ga 原子的贡献可以忽略不计。

11.5　Pd₂MGa 的弹性常数和弹性模量计算

Pd₂MGa(L2₁)结构属于立方晶系,存在三个独立的弹性常数 C_{11}、C_{12} 和 C_{44}；Pd₂MGa(四方)包含六个独立的弹性常数 C_{11}、C_{12}、C_{13}、C_{33}、C_{44} 和 C_{66}。

本节采用能量法计算 Pd₂MGa(M＝Cr,Mn,Fe)(L2₁)结构和 Pd₂MGa(M＝Cr,Mn,Fe)(四方)结构的弹性常数和弹性模量,具体方法详见 8.5 节和 8.7 节的内容。

11.5.1　Pd₂CrGa(L2₁) 的弹性常数和弹性模量计算

计算联立方程

$$C_{11}-C_{12}=\frac{B_2}{V_0}(1.6\times10^2\,\text{GPa})=-7.26\,\text{GPa}$$

$$C_{44}=\frac{2B_2}{V_0}(1.6\times10^2\,\text{GPa})=80.744\,\text{GPa}$$

体积模量 $B=(C_{11}+2C_{12})/3=139.40\,\text{GPa}$,得到

$$C_{11}=134.56\,\text{GPa}$$

$$C_{12}=141.82\,\text{GPa}$$

$$C_{44}=80.744\,\text{GPa}$$

$$B=139.40\,\text{GPa}$$

11.5.2　Pd$_2$CrGa(四方)的弹性常数和弹性模量计算

计算联立方程

$$C_{44}=\frac{B_2}{2V_0}(1.6\times10^2\,\text{GPa})=19.14\,\text{GPa}$$

$$C_{66}=\frac{B_2}{2V_0}(1.6\times10^2\,\text{GPa})=10.38\,\text{GPa}$$

$$C_{33}=\frac{2B_2}{V_0}(1.6\times10^2\,\text{GPa})=185.2\,\text{GPa}$$

$$C_{11}-C_{12}=\frac{B_2}{V_0}(1.6\times10^2\,\text{GPa})=146.3\,\text{GPa}$$

$$C_{11}-2C_{13}+C_{33}=\frac{2B_2}{V_0}(1.6\times10^2\,\text{GPa})=150.6\,\text{GPa}$$

$$C_{11}+C_{12}=\frac{B_2}{V_0}(1.6\times10^2\,\text{GPa})=287.9\,\text{GPa}$$

$$B_V=\frac{1}{9}(2C_{11}+2C_{12}+4C_{13}+C_{33})$$

得到

$$C_{11}=217.1\,\text{GPa}$$

$$C_{12}=70.8\,\text{GPa}$$

$$C_{13}=125.86\,\text{GPa}$$

$$C_{33}=185.2\,\text{GPa}$$

$$C_{44}=19.14\,\text{GPa}$$

$$C_{66}=10.38\,\text{GPa}$$

$$B=140.49\,\text{GPa}$$

在此,将 Pd$_2$MGa(L2$_1$)结构和 Pd$_2$MGa(四方)结构的弹性常数和弹性模量计算结果汇总于表 11.4。由表可以看到,这几种 Heusler 合金的弹性性质相近,没

有明显差异。

表 11.4　$Pd_2MGa(L2_1)$ 结构和 $Pd_2MGa(四方)$ 结构的弹性常数和弹性模量（GPa）

合金	结构	C_{11}	C_{12}	C_{13}	C_{33}	C_{44}	C_{66}	B_v
Pd_2CrGa	$L2_1$结构	134.56	141.82	—	—	80.74	—	139.4
	四方结构 ($c/a\approx1.24$)	217.1	70.8	125.86	185.2	19.14	10.38	140.49
Pd_2MnGa	$L2_1$结构	151.22	138.98	—	—	71.94	—	143.06
	四方结构 ($c/a\approx1.27$)	237.52	68.32	126.54	187.35	69.11	15.32	145.02
Pd_2FeGa	$L2_1$结构	153.16	157.65	—	—	73.77	—	156.15
	四方结构 ($c/a\approx1.30$)	222.16	112.12	139.57	197.77	72.00	31.05	158.29

立方晶体结构的结构稳定性判据为

$$C_{11}>|C_{12}|,\quad C_{11}+2C_{12}>0,\quad C_{44}>0$$

四方晶体结构的结构稳定性判据为

$$\begin{cases} C_{11}>0,C_{33}>0,C_{44}>0,C_{66}>0 \\ C_{11}-C_{12}>0 \\ C_{11}+C_{33}-2C_{13}>0 \\ 2(C_{11}+C_{12})+C_{33}+4C_{13}>0 \end{cases}$$

由表 11.4 的数值，通过计算可知：

(1) $Pd_2CrGa(L2_1)$ 和 $Pd_2FeGa(L2_1)$ 不满足结构稳定性判据。

(2) $Pd_2CrGa(四方)(c/a\approx1.24)$ 和 $Pd_2FeGa(四方)(c/a\approx1.27)$ 满足结构稳定性判据。

(3) $Pd_2MnGa(L2_1)$ 和 $Pd_2MnGa(四方)(c/a\approx1.30)$ 均满足结构稳定性判据。

11.6　Pd_2MGa 的声子谱线计算

Pd_2MGa 的原胞中含有四个原子，则声子谱中有 $3\times4=12$ 条分支，每条分支对应一个振动模式，其中低频率的三支对应声学声子，高频率的九支对应光学声子。

在 $Pd_2MGa(L2_1)$ 声子谱线计算过程中，建立了基于晶体学晶胞的 $2\times2\times2$ 超胞，即含有 128 个原子的超胞；在 $Pd_2MGa(四方)$ 声子谱线计算过程中，建立了基

于晶体学晶胞 $2\times2\times2$ 超胞,即含有 64 个原子的超胞。

　　Pd_2CrGa、Pd_2FeGa 具有类似的四方变形曲线,即两者在 $c/a=1.0$ 时都出现一个能量的局域极大值,而 $c/a>1.0$ 时的四方结构为能量的局域最小值。通过声子计算发现,两者的声子谱线也类似。Pd_2CrGa、Pd_2FeGa 的 $L2_1$ 立方结构声子谱线和四方结构声子谱线如图 11.11 和图 11.12 所示。

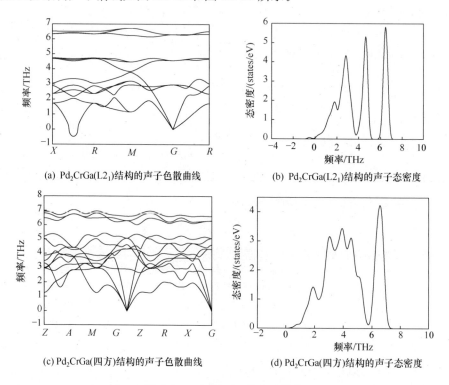

(a) Pd₂CrGa(L2₁)结构的声子色散曲线　　　(b) Pd₂CrGa(L2₁)结构的声子态密度

(c) Pd₂CrGa(四方)结构的声子色散曲线　　　(d) Pd₂CrGa(四方)结构的声子态密度

图 11.11　Pd₂CrGa 的声子谱线

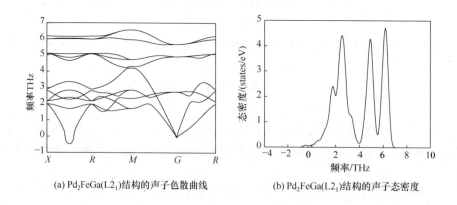

(a) Pd₂FeGa(L2₁)结构的声子色散曲线　　　(b) Pd₂FeGa(L2₁)结构的声子态密度

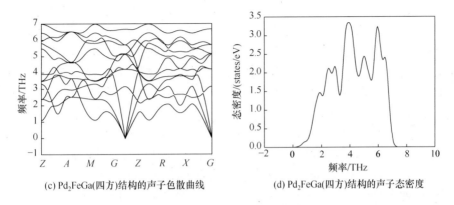

(c) Pd$_2$FeGa(四方)结构的声子色散曲线　　　　(d) Pd$_2$FeGa(四方)结构的声子态密度

图 11.12　Pd$_2$FeGa 的声子谱线

与 Pd$_2$CrGa 和 Pd$_2$FeGa 的能量曲线不同,Pd$_2$MnGa 四方变形过程中在 c/a＝1.0 处为能量的局域极小值点,能量的最小值出现在 c/a≈1.27 附近。Pd$_2$MnGa 的 L2$_1$ 立方结构、四方结构声子谱线和声子态密度如图 11.13 所示。

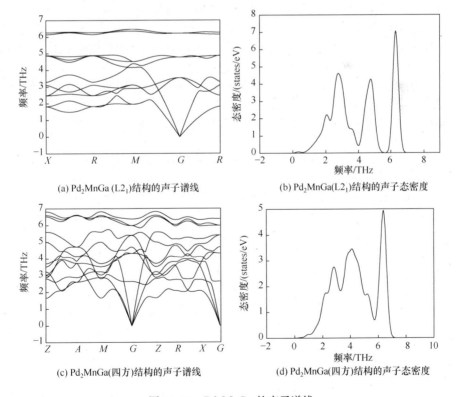

(a) Pd$_2$MnGa(L2$_1$)结构的声子谱线　　　　(b) Pd$_2$MnGa(L2$_1$)结构的声子态密度

(c) Pd$_2$MnGa(四方)结构的声子谱线　　　　(d) Pd$_2$MnGa(四方)结构的声子态密度

图 11.13　Pd$_2$MnGa 的声子谱线

在 Pd_2CrGa 和 Pd_2FeGa 的 $L2_1$ 立方结构的声子谱线中,横向声学支的频率在 X-R 方向存在虚频,也就是说出现了具有负能量的声子,这就意味着该结构是不稳定的,易于在外界扰动下向另一种较稳定的结构转化。而 Pd_2CrGa 和 Pd_2FeGa 的四方结构,以及 Pd_2MnGa 的立方结构和四方结构,都没有出现声子虚频,因此结构稳定。

参 考 文 献

[1] Winterlik J, Fecher G H, Thomas A, et al. Superconductivity in palladium-based Heusler compounds[J]. Physical Review B, 2009, 79(6): 064508-1-064508-9.

[2] Winterlik J, Fecher G H, Felser C. Electronic and structural properties of palladium-based Heusler superconductors[J]. Solid State Communications, 2008, 145(9/10): 475-478.

[3] Kierstead H A, Dunlap B D, Malik S K, et al. Coexistence of ordered magnetism and super-conductivity in Pd_2YbSn[J]. Physical Review B, 1985, 32(1): 135-138.

[4] Shelton R N, Hausermann-Berg L S, Johnson M J, et al. Coexistence of superconductivity and long-range magnetic order in $ErPd_2Sn$[J]. Physical Review B, 1986, 34(1): 199-202.

[5] Donni A, Fischer P, Fauth F, et al. Antiferromagnetic ordering in the cubic superconductor $YbPd_2Sn$[J]. Physica B: Condensed Matter, 1999, 259/260/261(1): 705-706.

[6] 刘国平, 米传同, 王家佳, 等. 磁性形状记忆合金 Pd_2CrGa 的第一性原理研究[J]. 中国有色金属学报. 2014, 24(4): 1028-1035.

[7] 赵建涛, 赵昆, 王家佳, 等. Heusler 合金 Mn_2NiGa 的第一性原理研究[J], 物理学报, 2012, 61(21): 181-188.

[8] 赵昆, 张坤, 王家佳, 等. Heusler 合金 Pd_2CrAl 四方变形、磁性及弹性常数的第一性原理计算[J]. 物理学报, 2011, 60(12): 452-457.

[9] Gillessen M. Maßgeschneiderte und analytik-ersatz[D]. Aachen: Aachen University, 2009.

[10] Gillessen M, Dronskowski R. A combinatorial study of inverse Heusler alloys by first-principles computational methods[J]. Journal of Computational Chemistry, 2010, 31(3): 612-619.

第 12 章　两机并行计算实例详解

由于第一性原理计算需要耗费非常大的计算资源,很多时候受到硬件条件的限制,一些好的计算方案可能因计算量太大而不得不放弃。如果拥有两台甚至多台机器,那么单台机器不能实现的这些方案,通过两机甚至多机并行计算就有可能实现。通常,并行计算以两机并行计算最为普遍,多机并行计算只需在此基础上进行类推即可。本章介绍一种通过图形界面工具 YAST 实现两机并行计算的方法。

YAST 是以 RPM(redhat package manager)为基础的操作系统安装与设置工具软件。使用 YAST 来完成配置任务能起到事半功倍的作用,因为它提供了一个通用的接口,适用修改所有相关的文件。可以采用 OpenSUSE 自带的 YAST 管理工具,它具有很好的图形化界面,操作方便,容易学习。

12.1　设　置　方　法

为系统调用方便,并行计算常常要求网络中的机器均为相同的配置(包括硬件和软件),这里使用 YAST 软件可以让管理员方便地配置复杂的配置文件。由于软件上的设置会涉及很多 YAST 软件以及 IP、NFS、NIS、rsh 等相关的术语,建议读者阅读相关资料以进一步了解[1,2]。下面主要介绍两机并行计算的设置方法。

12.1.1　基本设置

1. 硬件

两台配置完全相同的微型计算机:

酷睿 i5 处理器,8GB 内存,千兆网卡;操作系统为 OpenSUSE 11.3,分别安装 rsh、NIS Client、NIS Server、NFS Client、NFS Server 等;两台计算机之间用一根超五类 RJ-45 双绞线连接。

2. 网络

计算机的网络设置如表 12.1 所示。选择其中一台计算机作为主机,并命名为 node0;另一台作为节点机,命名为 node1。node0 的 IP 地址设置为 192.168.1.253,Subnet Mask 设置为 255.255.0.0,Hostname 为 node0,Domain Name 为 seu.edu.cn,Routing 设置为 192.168.1.254(预设置的交换机 IP);node1 的 IP 地址设置为 192.168.1.1,Subnet Mask 设置为 255.255.0.0,Hostname 为

node1,Domain Name 为 seu. edu. cn,Routing 设置为 192.168.1.254(预先设置的交换机 IP)。

表 12.1　计算机的网络设置

计算机	IP	子网掩码 (Subnet Mask)	主机名 (Hostname)	域名 (Domain)	网关 (Routing)
node0	192.168.1.253	255.255.0.0	node0	seu. edu. cn	192.168.1.254
node1	192.168.1.1	255.255.0.0	node1	seu. edu. cn	192.168.1.254

12.1.2　主机网络功能设置

将两台计算机中的一台作为主机,完成基本网络设置、NFS 设置、NIS 设置并启动网络服务。

1. 基本网络设置

下面在 YAST 软件中对主机进行基本网络的设置。

(1) 打开 YAST 软件,界面如图 12.1 所示,在 Network Devices 项中单击 Network Settings 按钮,打开 Network Setting 对话框,在此进行网卡配置。

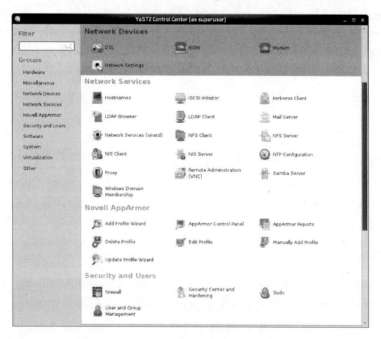

图 12.1　YAST 软件界面

（2）在 Overview 选项卡中选择网卡,单击 Edit 按钮,打开 Network Card Setup 对话框。在 Address 选项卡中选择 Statically assigned IP Address 单选按钮,设置 IP Address 为 192.168.1.253,设置 Subnet Mask 为 255.255.0.0,设置 Hostname 为 node0,单击 Next 按钮。IP 设置如图 12.2 所示。

（3）返回 Network Setting 对话框,在 Hostname/DNS 选项卡中设置 Hostname 为 node0,设置 Domain Name 为 seu.edu.cn,注意取消 Assign Hostname to Loopback IP 复选框。设置主机名和域名如图 12.3 所示。

图 12.2　IP 设置　　　　　　　　　　　　图 12.3　设置主机名和域名

（4）选择 Routing 选项卡,设置 Default IPv4 Gateway 为 192.168.1.254,设置 Device 为 eth0,设置网关如图 12.4 所示。

（5）单击 OK 按钮,完成基本网络设置。

2. NFS 设置

NFS(network file system)的设置体现在主机端是产生一个〈/etc/exports〉文件,体现在客户端则是在 /etc/fstab 中加上一行自动挂载。使用内核空间 NFS,设置 NFS 的具体步骤如下。

（1）打开 YAST 软件,在 Network Services 项中单击 NFS Server 按钮,在打开的 NFS Server Configuration 对话框中选择 Start 单选按钮,注意要取消 Enable NFSv4 复选框,单击 Next 按钮。NFS 设置界面如图 12.5 所示。

（2）打开 Directories to Export 对话框,单击 Add Directory 按钮,在弹出的对话框中设置共享路径,可以手动输入路径,或者单击 Browse 按钮来指定路径。此处,设置共享路径为 /home/Center,单击 OK 按钮。添加路径如图 12.6 所示。

（3）在弹出的对话框中设置 Host Wild Card 为 192.168.1.1,设置 Options 为 ro,root_squash,sync,no_subtree_check,单击 OK 按钮。设置参数如图 12.7 所示。

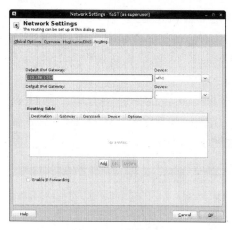

图 12.4　设置网关

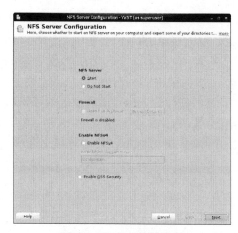

图 12.5　NFS 设置界面

图 12.6　添加路径

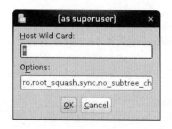

图 12.7　设置参数

（4）返回 Directories to Export 对话框，通过同样的方式设置/opt 和/usr/local 为共享路径，设置完成的共享路径如图 12.8 所示。

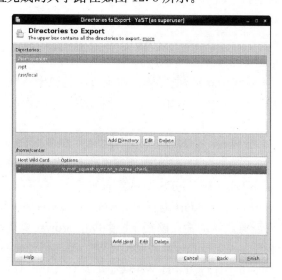

图 12.8　设置共享路径

（5）单击 Finish 按钮，完成 NFS 的设置。

3. NIS 设置

接下来进行的是 NIS(network information service)设置，具体步骤如下。

（1）在 YAST 主界面的 Network Services 项中单击 NIS Server 按钮，打开 Network Information Service(NIS) Server Setup 对话框；选择 Install and Setup a Nis Mater Server 单选按钮，单击 Next 按钮。NIS 设置界面如图 12.9 所示。

（2）出现 Master Server Setup 对话框，在这里设置 NIS domain name 为 node0. seu. edu. cn，设置 NIS master server 为 node0. seu. edu. cn，选取 This host is also a NIS client 复选框，单击 Next 按钮。服务器端设置如图 12.10 所示。

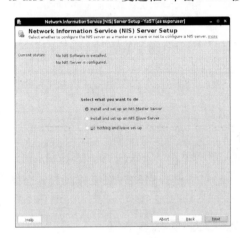

　　图 12.9　NIS 设置界面　　　　　　　图 12.10　设置服务器端

（3）出现 NIS Server Maps Setup 对话框用于选择信息服务，这里保持默认值即可，单击 Next 按钮。信息服务选择如图 12.11 所示。

（4）出现 NIS Server Query Hosts Setup 对话框，单击 Add 按钮，在弹出的对话框中设置 Netmask 为 255.255.0.0，设置 Network 为 192.168.0.0，单击 OK 按钮。再次单击 Add 按钮，设置 Netmask 为 255.255.255.255，设置 Network 为 127.0.0.1，单击 Finish 按钮。设置可访问 NIS 服务器的 IP 段如图 12.12 所示。

（5）打开终端，在终端中输入指令：

@:cd /var/yp/

@:ls

可以看到 NIS Server 的各项服务已经安装到位。在该路径下执行指令：

@:make

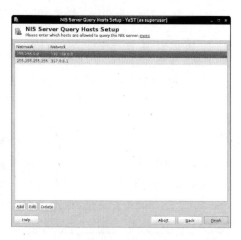

图 12.11　选择信息服务　　　　　　　图 12.12　设置可访问 NIS 服务器的 IP 段

完成对 NIS 主机的设置。

4. 启动网络服务

下面就来启动网络服务,具体步骤如下。

(1) 在 YAST 主界面的 Network Services 项中单击 Network Services (xinetd),
打开 Network Services Configuration (xinetd)对话框。启动网络服务设置界面如
图 12.13 所示。

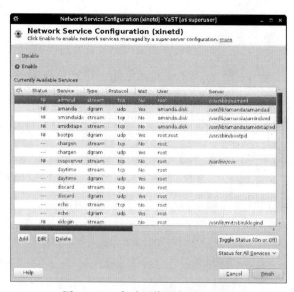

图 12.13　启动网络服务设置界面

（2）选择 Shell 服务，单击 Edit 按钮，在弹出的 Edit a service entry 对话框中选取 Service is active 复选框，确认 Server Arguments 一项中没有-aL 或者-a 选项，其他保持默认值即可；单击 Accept 按钮，完成对 Shell 服务的激活操作。参数配置如图 12.14 所示。

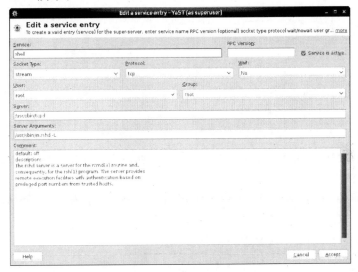

图 12.14　进行参数配置

（3）通过同样的方式，完成对 Login 服务的激活操作。

12.1.3　节点机网络功能设置

将两台计算机中的另一台作为节点机，完成基本网络设置、NFS 设置、NIS 设置并启动网络服务。

1. 基本网络设置

下面将在 YAST 软件中对节点机进行基本网络的设置。

（1）打开 YAST 主界面，在 Network Devices 项中单击 Network Settings 按钮，打开 Network Setting 对话框进行网卡配置；在 Overview 选项卡中选择网卡，单击 Edit 按钮，在弹出的 Network Card Setup 对话框中选择 Statically assigned IP Address，设置 IP Address 为 192.168.1.1，设置 Subnet Mask 为 255.255.0.0，设置 hostname 为 node1，单击 Next 按钮。节点机 IP 设置如图 12.15 所示。

（2）选择 Hostname/DNS 选项卡，设置 Hostname 为 node1，设置 Domain Name 为 seu.edu.cn，注意取消 Assign Hostname to Loopback IP 复选框。节点机的主机名和域名设置如图 12.16 所示。

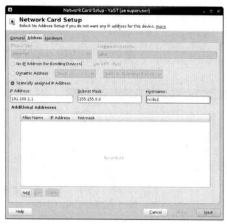

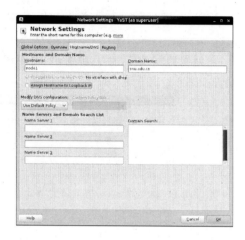

图 12.15　节点机 IP 设置　　　　　　　图 12.16　节点机主机名和域名设置

(3) 在 Routing 选项卡中设置 Default IPv4 Gateway 为 192.168.1.254,设置 Device 为 eth0。节点机网关设置如图 12.17 所示。

(4) 单击 OK 按钮,完成基本网络设置。

2. NFS 设置

接下来,对节点机进行 NFS 设置,具体步骤如下。

(1) 在 YAST 界面的 Network Services 项中单击 NFS Client 按钮,出现 NFS 客户端设置界面,如图 12.18 所示。

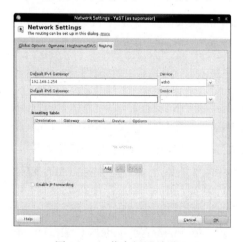

图 12.17　节点机网关设置　　　　　　图 12.18　NFS 客户端设置界面

(2) 单击 Add 按钮,设置 NFS Server Hostname 为 192.168.1.253,也可通过

单击 Choose 按钮进行选择；单击 Select 按钮，选择/home/center 路径；通过 Browse 按钮设置 Mount Point(local)路径为/home/center，单击 OK 按钮。节点机 NFS 服务器主机名设置如图 12.19 所示。

（3）通过同样的方式设置/opt 和/usr/local 路径的挂载点。设置节点机挂载点如图 12.20 所示。

（4）单击 OK 按钮，完成对 NFS 的设置。

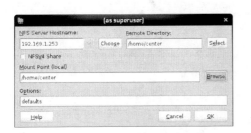

图 12.19　节点机 NFS 服务器主机名设置　　　　图 12.20　设置节点机挂载点

3. NIS 设置

这里进行 NIS 的设置，具体步骤如下。

在 YAST 主界面的 Network Services 项中单击 NIS Client 按钮，打开 Network Configuration of NIS client 对话框；选择 Use NIS 单选按钮，设置 NIS Domain 为 node0. seu. edu. cn，设置 Address of NIS servers 为 192. 168. 1. 253，单击 Finish 按钮。NIS 客户端设置如图 12.21 所示。

4. 启动网络服务

与主机启动网络服务的操作相同，在 YAST 主界面的 Network Services 项中单击 Network Services(xinetd)按钮，打开 Network Services Configuration(xinetd)对话框；选择 Shell 服务，单击 Edit 按钮，在弹出的对话框中选取 Service is active 复选框，确认 Server Arguments 一项中没有-aL 或者-a 选项，其他保持默认值即可，单击 Accept 按钮，完成对 Shell 服务的激活操作。用同样的方式，完成对 Login 服务的激活操作即可。

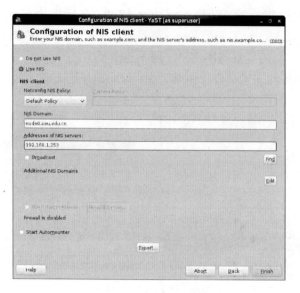

图 12.21　NIS 客户端设置

12.2　配 置 检 查

为保证两机并行计算的顺利进行,有必要对相关配置进行检查,主要环节有如下几个方面。

1. 网络基本性能

首先,在终端中输入以下指令来检查 hostname、IP 是否设置正确且与/etc/hosts 中的一致,并且检查/etc/hosts 中是否有集群中其他节点的节点名和对应的 IP。该检查对于主机和节点机都是如此。

@:hostname

@:domainname

@:hostname-i

若设置不正确,可以通过在 YAST 界面单击 Hostnames 选项进行修改。

然后,在终端中使用 ping 检查主机和节点机之间的网络情况,指令如下:

@:ping node1

如果显示相应时间,说明正常连通。若有响应,可用 Ctrl＋C 键中断 ping 操作。再在终端中输入如下指令检查网络设置:

@:/sbin/ifconfig eth0

@:/sbin/ifconfig lo

终端中会分别显示本地回送接口 lo 和网卡接口 eth0 的配置情况。

2. NIS

首先,在终端中输入如下指令检查 NIS 域名:

@:hostname-y

然后,在终端中输入以下指令尝试普通用户的有口令登录:

@:rsh node0

如果在节点机上能够顺利登录,说明 NIS 已经正确安装。如果这时已能够实现无口令登录,说明 rsh 功能也基本正常,并且主机和节点机的等价设置正确。

3. NFS

在终端中输入以下指令检测设备使用情况,其中包括 NFS 共享的设备。

@:df

如果终端显示出现前面设置共享的/home/center、/opt、/usr/local 路径,说明 NFS 设置正确;如果只有本地设备,则可对〈/etc/fstab〉文件进行手动修改。

NFS 的正常使用还需运行相应的守护程序,包括 nfsd、rpc. mountd、rpciod、rpc. statd。在终端中输入以下指令查看 rpc、nfsd 守护程序是否启动:

@:ps-A|grep rpc

@:ps-A|grep nfsd

若显示均正常启动,则 NFS 配置正确。

4. rsh

在终端中输入如下指令,若能实现普通用户无密码登录,则 rsh 已配置正确。

@:rlogin node1

如果需要输入密码,可检查节点机上的〈/etc/hosts〉和〈/etc/hosts. quiv〉文件是否配置正确,其中〈/etc/hosts. equiv〉文件中应列出集群中的所有计算机名。在节点机的/home/center 路径下修改隐藏文件〈. rhosts〉,列出集群中的所有计算机名。

12.3　并行计算测试

本节介绍使用 OpenMPI 进行并行计算的方法。

(1) 在进行计算的路径下添加文件〈hosts〉或〈machinefile〉,输入以下内容:

node0 slots=4

node1 slots=4

其中，slots 控制该节点所调用的核数。默认情况下，程序会调用本机进行计算。

（2）在终端中输入以下指令，即可调用 openMPI 进行并行计算：

@：mpirun-hostfile hosts-np 8 vasp

或者

@：mpirun-machinefile machinefile-np 8 vasp

并行计算测试运行结果正常。

除了本章介绍的方法，还有其他很多方法也可以实现并行计算，例如，使用终端进行设置，该方法具有快速准确、便于维护等优点，缺点是对于各种概念需要理解清楚，对系统知识的要求较高。其他方法此处不再赘述，读者可以查阅资料获知。另外还要指出的是，并行计算可以将多台机器的计算能力整合到一起，但由于受到硬件（如网线）和软件（如系统调用）等方面因素的限制，整合之后的计算能力并不能实现"1＋1＝2"的效果。

参 考 文 献

［1］鸟哥. 鸟哥的 Linux 私房菜（基础学习篇）［M］. 3 版. 北京：人民邮电出版社，2013.

［2］车静光. 微机集群组建、优化和管理［M］. 北京：机械工业出版社，2004.